Liebes Clare,
ich wünsche Dir alles Gute
und viel Erfolg bei Deiner
Promotion.

Karlsruhe, im März 2004

Ferdinand

Mobile Mikroroboter
im Rasterelektronenmikroskop

Zur Erlangung des akademischen Grades eines
Doktors der Ingenieurwissenschaften
der Fakultät für Informatik
der Universität Fridericiana zu Karlsruhe (TH)

genehmigte

Dissertation

von
Ferdinand Schmoeckel
aus Wuppertal

Tag der mündlichen Prüfung:	17. Dezember 2003
Erster Gutachter:	Prof. Dr.-Ing. H. Wörn
Zweiter Gutachter:	Prof. Dr. rer. nat. H. U. Steusloff

Bibliografische Information Der Deutschen Bibliothek

Die Deutsche Bibliothek verzeichnet diese Publikation in der Deutschen Nationalbibliografie; detaillierte bibliografische Daten sind im Internet über http://dnb.ddb.de abrufbar.

©Copyright Logos Verlag Berlin 2004
Alle Rechte vorbehalten.

ISBN 3-8325-0474-5

Logos Verlag Berlin
Comeniushof, Gubener Str. 47,
10243 Berlin
Tel.: +49 030 42 85 10 90
Fax: +49 030 42 85 10 92
INTERNET: http://www.logos-verlag.de

Vorwort

Die vorliegende Dissertation entstand während meiner Tätigkeit als wissenschaftlicher Mitarbeiter am Institut für Prozessrechentechnik, Automation und Robotik (IPR) an der Universität Karlsruhe (TH) im Rahmen der EU-Projekte MINIMAN und MiCRoN.

Mein besonderer Dank gilt meinem Doktorvater Herrn Prof. Dr.-Ing. Heinz Wörn für die großzügige Unterstützung und Förderung meiner Arbeit. Ebenso danke ich Herrn Prof. Dr.rer.nat. Hartwig U. Steusloff für das entgegengebrachte Interesse an meiner Arbeit und die Übernahme des Korreferats.

Für den Aufbau der Mikrorobotik am IPR und für die sehr motivierende und kompetente Leitung der Forschungsgruppe danke ich Herrn Prof. Dr.-Ing. Sergej Fatikow und insbesondere Herrn Dr.-Ing. Jörg Seyfried, der mir stets als Kollege und Freund bei meiner Arbeit zur Seite stand. Ganz herzlich danke ich allen meinen Kollegen aus der Mikrorobotik – nicht nur für das Korrekturlesen meiner Arbeit: Mein langjähriger Zimmergenosse Axel Bürkle half mir sehr mit seiner unerschütterlichen Geduld bei der Diskussion verschiedenster Probleme im Bereich der Mikrorobotik und der Bildverarbeitung. Ramon Estaña unterstützte mich großartig während der Endphase des MINIMAN-Projekts und danach, vor allem durch sein Elektronik- und CAD-Know-how. Michael Thiel und Matthias Kiefer leisteten essentielle Beiträge bei der Softwareentwicklung im MiCRoN-Projekt.

Frank Beeh, Suei Jen Chen, Björn Hein, Sander Karl, Detlef Mages, Dirk Osswald, Marcos Salonia, Uwe Zimmermann und allen anderen Kollegen des Instituts gilt mein Dank für die freundschaftliche Atmosphäre und für die vielen Diskussionen und Anregungen.

Ich danke allen Studenten, die an der Umsetzung meiner Konzepte beteiligt waren, und die durch ihre Studien- und Diplomarbeiten oder als Hiwis zum Gelingen dieser Arbeit beitrugen: Julius Ziegler (für seine vielen guten Ideen und seine Beharrlichkeit bei ihrer Umsetzung), Marc Albe (für seinen Kampf mit den Mikrokugeln), Ralf Edelbrock (für solide Elektronik, erstklassige Dokumentation und unglaubliche Lötleistungen), Matthias Paulik (für die professionelle Programmierung), Jan Wedekind (für seinen erbitterten Einsatz für den Erfolg des MINIMAN-Projekts), Sadi Yigit, Sergey Chirkov, Manuel Richardt, Andreas Schreiber und Christian-Philip Metzler.

Für ihre auch über die üblichen dienstlichen Belange hinausgehende Hilfsbereitschaft danke ich den Kolleginnen und Kollegen des nichtwissenschaftlichen Personals des Instituts, insbesondere den unermüdlichen Institutsseelen im Sekretariat und Herrn Hartmut Regner, der viel Zeit für die Fertigung von Mikroboterprototypen opferte.

Ich danke allen MINIMAN- und MiCRoN-Projektpartnern für die hervorragende Zusammenarbeit. Besonderen Dank schulde ich Herrn Waldemar Kammrath für die Präzision seiner Mikrogreifer und seine wertvolle fachliche Unterstützung rund um das Rasterelektronenmikroskop. Herrn Dr. Urban Simu danke ich für die Herstellung der mikroskopischen Greifermarkierungen.

Außerdem danke ich René Reifarth für die vielen anregenden Diskussionen und die Elektrospraying-Experimente sowie Jan Wendel für seine Tipps für die Kalman-Filterung.

Ganz besonders danke ich meinen Eltern für die schon drei Jahrzehnte währende liebevolle Unterstützung. Meinem Schwiegervater Wolfgang Reßing danke ich herzlich für sein professionelles Auge beim Layouten der Arbeit. Und auch Ingo Schmoeckel danke ich sehr für seine Unterstützung.

Einen ganz entscheidenden Beitrag zum Gelingen dieser Dissertation hat meine Frau Julia geleistet. Ich danke ihr für ihren Rat, ihre Geduld und ihre Liebe.

Karlsruhe, im Januar 2004   Ferdinand Schmoeckel *für Julia*

Inhalt

1 **Einleitung** 1
   1.1 Was ist Mikrorobotik? 1
   1.2 Anwendungsfelder 2
   1.3 Anforderungen an ein Mikrorobotersystem im REM 4

2 **Stand der Forschung** 7
   2.1 Mikroroboter allgemein 7
      2.1.1 Stationäre Mikroroboter 7
      2.1.2 Mobile Mikroroboter 8
   2.2 Mikroroboter im REM 9
      2.2.1 Besonderheiten der Rasterelektronenmikroskopie und der Mikrowelt 9
      2.2.2 Bestehende Mikrorobotersysteme im Einzelnen 11
   2.3 Bewertung 15

3 **Zielsetzung der Arbeit** 17

4 **Grundlagen** 19
   4.1 Die eingesetzten mobilen Mikroroboter 19
      4.1.1 Aufbau und Bewegungsprinzip 19
      4.1.2 Systemüberblick und Sensorikkonzept 21
   4.2 Rasterelektronenmikroskopie 22
   4.3 Grundlagen für Positionssensorik 24
      4.3.1 Methoden der Bildverarbeitung 24
      4.3.2 Kameramodellierung 26
      4.3.3 3D-Vermessung durch Triangulation 26
      4.3.4 Kinematische Modellierung der Roboter 27
      4.3.5 Sensordatenfusion mit Kalman-Filtern 28

5 **Entwicklung eines Zweirobotersystems für die Integration im REM** 31
   5.1 Bewältigung der Skalierungsprobleme 31
   5.2 Anforderungen 32
   5.3 Voraussetzungen für den Mikrorobotereinsatz im REM 32
      5.3.1 Parameter des REMs 32
      5.3.2 Vakuum- und REM-Tauglichkeit 35
      5.3.3 Komponenten am REM 36
      5.3.4 Rechnerhardware 38
   5.4 Realisierung der Roboter 39
      5.4.1 MINIMAN-III-Roboter 40
      5.4.2 MINIMAN-IV-Roboter 41
      5.4.3 Mikrogreifer 42
   5.5 Ergebnisse und Diskussion 44

6 **Entwicklung der Steuerung und Teleoperation der Mikroroboter** 47
   6.1 Anforderungen 47
   6.2 Ansteuerung der Roboter 49
      6.2.1 Implementierungsdetails 50
      6.2.2 Bewegung der Roboterplattform 51
      6.2.3 Bewegung des Kugelmanipulators 52
      6.2.4 Ansteuerung der Piezobeinchen 54

6.3 Benutzerschnittstelle ... 55
    6.3.1 Auswahl des Eingabegeräts ... 55
    6.3.2 Einsatz einer SpaceMouse zur Steuerung der Mikroroboter ... 56
    6.3.3 Überwachung der Mikromanipulation ... 59
6.4 Tests mit dem teleoperierten Mikrorobotersystem ... 59
6.5 Ergebnisse und Diskussion ... 65

7 Entwicklung eines REM-basierten Positionssensorsystems ... 67
7.1 Anforderungen ... 67
7.2 Aufbau ... 68
7.3 Globale Sensorik ... 69
7.4 Lokale Sensorik ... 71
    7.4.1 Konzept der REM-Bilderkennung ... 71
    7.4.2 Realisierung der Greifermarkierungen durch Mikrokugeln ... 73
    7.4.3 Einlesen der REM-Bilder ... 76
    7.4.4 Erkennung der Mikrokugeln im REM-Bild ... 78
    7.4.5 Konzept der Höhenmessung ... 81
    7.4.6 Greiferhöhenmessung durch Elektronenstrahltriangulation ... 84
    7.4.7 Kalibrierung ... 86
7.5 Ergebnisse und Diskussion ... 90

8 Entwicklung der Sensordatenfusion ... 93
8.1 Systemmodell ... 94
    8.1.1 Roboterkonfiguration als Zustandsvektor ... 95
    8.1.2 Systemrauschen ... 96
    8.1.3 Weitere Untersuchung der Roboterbewegung ... 97
    8.1.4 Erweiterung des Zustandsvektors ... 100
8.2 Beobachtungsmodell ... 104
8.3 Flexibler Sensorbetrieb und asynchrone Filterung ... 106
8.4 Ergebnisse und Diskussion ... 110

9 Fehleranalyse ... 113
9.1 Genauigkeitsabschätzung der Sensoren ... 113
9.2 Analyse der Fehlerkovarianzmatrix ... 115
9.3 Ergebnisse und Diskussion ... 120

10 Zusammenfassung und Ausblick ... 123
10.1 Ergebnisse ... 123
10.2 Ausblick ... 124

Literaturverzeichnis ... 127

1 Einleitung

Mikrosystemtechnik, Nano- und Biotechnik werden als Schlüsseltechnologien des 21. Jahrhunderts bezeichnet. In den stark wachsenden Forschungsaktivitäten auf all diesen Gebieten arbeitet man in unterschiedlicher Weise daran, die Welt im Mikrometer- und Nanometerbereich zu erschließen. Die Mikrorobotik bildet die Schnittstelle zwischen diesen Technologien und der klassischen Robotik. Sie bietet damit eine Möglichkeit, in die Mikrowelt einzugreifen.

In dieser Arbeit wird die Entwicklung eines Mikrorobotersystems für das Rasterelektronenmikroskop (REM) beschrieben. Dabei werden zwei mobile Mikroroboter in die Vakuumkammer eines konventionellen REMs integriert (Kapitel 5). Die entwickelte Steuerung ermöglicht die Teleoperation der Mikroroboter für Aufgaben in sehr unterschiedlichen Größenbereichen (Kapitel 6). Aufbauend auf diesem Mikrorobotersystem wird untersucht, wie das Rasterelektronenmikroskop selbst als externes Positionssensorsystem für die mobilen Mikroroboter genutzt werden kann. Dazu wird eine neuartige, modulare Positionssensorik entwickelt, die auch 3D-Messungen mit Hilfe des Elektronenstrahls im REM ermöglicht (Kapitel 7). Zur weiteren Automatisierung der Roboter wird eine flexible Sensordatenfusion entwickelt, die die verschiedenen Sensormodule integriert (Kapitel 8). Eine abschließende Genauigkeitsanalyse zeigt das künftige Potenzial sowie die Grenzen eines solchen Systems (Kapitel 9).

1.1 Was ist Mikrorobotik?

Wie konventionelle Roboter sind Mikroroboter flexible, frei programmierbare Werkzeuge. Ihre Aufgabenbereiche sind ähnlich. Sie können zuverlässig und mit gleichbleibender Präzision in für Menschen unzugänglichen Bereichen arbeiten. Mikroroboter erschließen so die Mikrowelt, die sonst schon im Bereich weniger Millimeter sehr schwer zugänglich ist. Besonderer Wert wird daher auf die Fähigkeit von Mikrobotern gelegt, feinste Manipulationen mit verschiedenartigen, extrem kleinen Objekten durchzuführen. In Zukunft sollen sie für die Automation von Prozessen der oben genannten Technologien dienen, bei denen sie flexibel auf unterschiedliche Situationen reagieren müssen. Diese Flexibilität ist in der Mikrowelt besonders wichtig, wo aufgrund der so genannten *Skalierungseffekte* (siehe Abschnitt 2.2.1) ungewohnte und unvorhersagbare Kräfteverhältnisse herrschen.

Für die Mikrorobotik ist daher die Übermittlung von Informationen über den Prozess zwingend notwendig. Da Weg- und Kraftinformationen aus der Mikrowelt bisher nur schwer zu gewinnen sind, ist man vor allem auf die visuelle Prozessüberwachung angewiesen, das heißt auf Licht- oder Elektronenmikroskopie. Dabei ist das Rasterelektronenmikroskop dem Lichtmikroskop in Schärfentiefe und Auflösung weit überlegen (siehe z.B. Abbildung 1). Außerdem bietet der große Arbeitsabstand im REM – das ist der freie

Raum über der Probe – deutlich mehr Platz für Robotersysteme. Das Vakuum im REM schaltet die im Mikroskopischen störenden Umwelteinflüsse wie Staub und Luftfeuchtigkeit aus und ist damit ein weiterer Vorteil. Obwohl das Vakuum gleichzeitig bestimmte Anwendungen wie z.b. Klebeprozesse oder Zellmanipulation in der Medizintechnik nahezu ausschließt, ist das REM also eine logische Erweiterung eines Mikrorobotersystems.

Umgekehrt gibt es zahlreiche Anwendungen in der heutigen Rasterelektronenmikroskopie, die den Einsatz von Mikrorobotern erfordern. Im folgenden Abschnitt werden einige Beispiele erläutert.

1.2 Anwendungsfelder

Das Rasterelektronenmikroskop ist in sehr vielen Anwendungsbereichen ein unentbehrliches Werkzeug, wenn es darum geht, sehr kleine Strukturen sichtbar zu machen. Sofern nicht die Mikrostruktur von größeren Oberflächen von Interesse ist, sondern die zu untersuchenden Proben selbst eine Größe von wenigen Millimetern bis herab zu Bruchteilen von Mikrometern haben, wird ihre Handhabung sehr schwierig. Das Präparieren und Ausrichten von REM-Proben, das meist manuell unter dem Lichtmikroskop geschieht, erfordert viel Geschick und ist im Verhältnis zu den im REM möglichen Vergrößerungen extrem grob, Abbildung 1.

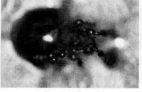

Abbildung 1: Manuelle Präparation und Lichtmikroskopbild (Mitte) bzw. REM-Bild (rechts) einer Milbe.

Alternativ streut man eine große Zahl der interessierenden Mikroobjekte auf einen Probenteller und hofft, anschließend eines in der gewünschten Lage mit dem REM zu finden. Einen zusätzlichen Zeitaufwand bedeutet das nachträgliche Manipulieren der Proben, da dazu jedes Mal die Vakuumkammer be- und entlüftet werden muss.

Kleine flexible Handhabungssysteme sind spätestens dann unerlässlich, wenn man während des Mikroskopierens in die Mikrowelt eingreifen möchte, sei es für jegliche Art von *in-situ* Experimenten oder für Anwendungen in der Mikrotechnik wie die Montage von hybriden, also aus verschiedenen Komponenten bestehenden Mikrosystemen.

In der Industrie wird das REM in den meisten Fällen wie in Forschungslabors für Mikroanalysezwecke eingesetzt, z.B. in der Qualitätssicherung oder der Schadenskunde. Im

Bereich der Mikrosystemtechnik (MST) ist es ein selbstverständliches Werkzeug zum Sichtbarmachen der winzigen Produkte, die meist durch Ätzprozesse hergestellt werden. Das Fehlen flexibler Werkzeuge zur Mikromontage solcher Teile schränkt die Freiheit der Konstrukteure von Mikroprodukten erheblich ein. Zueinander bewegliche Teile müssen schon im montierten Zustand erzeugt werden, z.b. durch Wegätzen so genannter Opferschichten. Gelenke werden durch dünne biegsame Stege innerhalb eines Teils realisiert. Die meisten heutigen Mikrosysteme sind daher beschränkt auf „2½- dimensionale" Strukturen, also auf flächige Objekte mit einer bestimmten Dicke. Durch die Entwicklung der Mikrorobotik erhofft man sich daher u.a. einen enormen Fortschritt hin zu völlig neuen Mikrosystemen. Das dieser Arbeit zugrunde liegende Konzept der *mobilen* Mikroroboter ist bezüglich der Mikromontage in zweifacher Hinsicht vorteilhaft. Diese Mikroroboter, die in Kapitel 4.1 noch genau vorgestellt werden, bestechen in erster Linie durch ihre Flexibilität. Sie stellen daher schon heute potenzielle Werkzeuge für die Montage von MST-Prototypen und sehr kleinen Serien dar. Mobile Mikroroboter bieten jedoch insbesondere die Möglichkeit der Parallelisierung von Arbeiten auf kleinstem Raum für die zukünftige Massenproduktion von Mikrosystemen. An dieser Stelle berufen sich die Mikrorobotiker gern auf Richard Feynman, der 1959 in seinem berühmten Vortrag *„There's plenty of room at the bottom"* mit der Vision von kleinen Maschinen, die ihrerseits immer kleinere Maschinen bauen, die Mikro- und Nanotechnik begründete.

Industrieller Bedarf an flexiblen Handhabungssystemen im REM besteht heute auch in der Mikroelektronik. In der Qualitäts- und Funktionsprüfung integrierter Schaltkreise müssen spitze Messsonden im Mikrobereich positioniert werden, mit denen Signale an den Leiterbahnen integrierter Schaltkreise abgegriffen bzw. angelegt werden. Dies geschieht im REM heute über aufwändige Stellmechanismen.

Als ein Beispiel für die Mikrohandhabung im Rasterelektronenmikroskop dient in dieser Arbeit eine Anwendung aus der Umweltforschung. In diesem Forschungsbereich dient das REM etwa zur Untersuchung verschiedenster Mikroobjekte, die man auf der Oberfläche von Pflanzenblättern findet. Beispiele sind Schädlinge und winzige Staub- oder Rauchpartikel, Aerosole aus toxischen oder sogar radioaktiven Stoffen, aber auch harmlose Pollenkörner. So kann man auf Pflanzenblättern Säurekristalle finden, die im Verdacht stehen, Blattschäden zu verursachen (Abbildung 2, links), und deren Vorläufer vermutlich Saurer Regen ist (Abbildung 2, rechts). Für die Wissenschaftler wäre es nun äußerst interessant, solche Partikel (hier in der Größenordnung weniger hundertstel Millimeter) zu greifen und sie, ohne die Vakuumkammer öffnen zu müssen, auf einer definierten Oberfläche abzulegen. Dort kann z.B. mit dem Elektronenstrahl eine Röntgenmikroanalyse ohne den störenden Hintergrund des Blattes durchgeführt werden.

4 Einleitung

 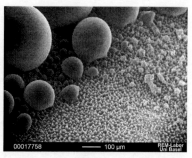

Abbildung 2: REM-Bilder aus der Umweltforschung: Säurekristalle auf einem Blatt (links) und Saurer Regen (rechts); mit freundlicher Genehmigung des Zentrums für Mikroskopie der Universität Basel.

Einige dieser Experimente werden heute in so genannten *Environmental Scanning Electron Microscopes* (ESEMs), durchgeführt, deren spezielle Elektronendetektoren REM-Aufnahmen auch ohne Hochvakuum ermöglichen. Diese relativ neue Technologie erlaubt es, frisches biologisches Material und feuchte Proben wie den Sauren Regen in REM-Qualität und über lange Zeit hinweg zu beobachten. Sogar biologische und chemische Prozesse – wie z.b. das Wachsen von Kristallen – lassen sich im mikroskopischen Maßstab beobachten. Der Wunsch, während solcher Experimente auch wirklich mit kleinen Werkzeugen in die Mikrowelt eingreifen zu können, drängt sich nahezu auf.

1.3 Anforderungen an ein Mikrorobotersystem im REM

Aus den oben beschriebenen Anwendungsfeldern und Visionen lassen sich die folgenden Anforderungen an ein Mikrorobotersystem im REM ableiten.

- Das Mikrorobotersystem sollte mit möglichst wenig Aufwand in die Vakuumkammer eines konventionellen REMs integriert werden können. Notwendige Erweiterungen des REMs sollten daher die Standardschnittstellen eines REMs nutzen und keine größeren baulichen Veränderungen erzwingen.

- Eine größtmögliche Flexibilität in Bezug auf die Art der Handhabungsaufgabe und die Erweiterbarkeit des Systems ist anzustreben. Das Robotersystem sollte verschiedenste Objekte im Größenbereich von wenigen Millimetern bis hinab zu wenigen Mikrometern handhaben können. Geschwindigkeit und Präzision sollten an alle Größenbereiche anpassbar sein. Daraus ergibt sich eine geforderte Bewegungsauflösung von mindestens 0,1 µm für präziseste Manipulationen und eine Geschwindigkeit von bis zu 10 mm/s für schnelle Positionieraufgaben innerhalb der Vakuumkammer.

- Das Robotersystem sollte trotz der in der Mikrowelt durch die Skalierungseffekte hervorgerufenen Probleme eine sichere Handhabung ermöglichen.

- Das Robotersystem sollte in Teleoperation intuitiv zu steuern sein.

- Ein kostengünstiges Positionssensorsystem muss die Lageregelung und Automation aller Freiheitsgrade des Mikrorobotersystems garantieren.

- Die Genauigkeit des Sensorsystems muss den Anforderungen der Mikromanipulationsaufgabe gerecht werden. Sinnvollerweise sollte sie der jeweiligen Auflösung des REMs entsprechen.

2 Stand der Forschung

Die meisten Mikromanipulationsaufgaben werden heute noch manuell durchgeführt. Dies ist insbesondere in der Probenpräparation für die Mikroskopie der Fall, aber auch z.b. in der Medizin- und Bioforschung, wo oft einfache mechanische Positioniervorrichtungen mit Mikrometerschrauben benutzt werden. Mikromontageaufgaben werden auch in der Industrie sehr oft manuell von speziell ausgebildeten Technikern ausgeführt, die z.b. die Montageteile mit Hilfe von Schrauben und Federn grob vorpositionieren und sie dann mit kleinen Pinzetten und Nadeln in die Zielposition „bugsieren".

Weltweit werden verschiedenste Arten von Mikrorobotern entwickelt, natürlich nicht nur für Anwendungen im Rasterelektronenmikroskop. Abschnitt 2.1 gibt einen groben Überblick über den Stand der Technik auf diesem vielseitigen Gebiet. In Abschnitt 2.2 werden die heutigen Konzepte für die Mikromanipulation speziell im REM detailliert beschrieben.

2.1 Mikroroboter allgemein

Der Begriff „Mikroroboter" wird in der Literatur für sehr unterschiedliche Systeme benutzt. Daher schlägt [Fatikow 1997] verschiedene Möglichkeiten der Klassifikation vor. So verstünde man bei einer Einteilung von Robotern nach ihrer Größe unter einem Mikroroboter ein System mit Gesamtabmessungen im Mikrometerbereich, was heute noch zu den Zukunftsvisionen zählt.

Für die vorliegende Arbeit gelte daher die Definition von [Seyfried 2003] für Mikroroboter und mobile Mikroroboter:

Ein Mikroroboter *ist ein Roboter, der in der Lage ist, Objekte mit Abmessungen von einigen Millimetern bis hin zu wenigen Mikrometern zu handhaben. Dabei erreicht er Wiederholgenauigkeiten von 10 μm und besser.*

Ein mobiler Mikroroboter *ist ein Mikroroboter, der sich auf oder in einem mit ihm nicht baulich verbundenen Basismedium fortbewegen kann.*

2.1.1 Stationäre Mikroroboter

Es gibt ortsfeste und in der Regel auf eine bestimmte Aufgabenart ausgerichtete Mikromanipulationssysteme herkömmlicher Größe (einige dm³). Dies sind zum einen die hochspezialisierten, äußerst schnellen *Pick-and-Place-*Systeme, die vor allem in der Massenproduktion der Halbleiterindustrie eingesetzt werden. Sie sind im Wesentlichen auf spezielle, meist zweidimensionale Aufgaben beschränkt. Außerdem werden konventionelle Industrieroboter an Mikromontageaufgaben angepasst, was jedoch wegen der erforderlichen Toleranzen extrem aufwändig ist. Ein Beispiel ist der kleine, schnelle und besonders präzise Industrieroboter MELFA RP-1AH von Mitsubishi Electric, Abbildung 3, links.

Durch fortgeschrittene Konstruktionslösungen aus der Feinwerktechnik, teilweise kombiniert mit Antriebsprinzipien aus der Mikrosystemtechnik, erlauben einige stationäre Systeme eine sehr präzise Positionierung von Objekten. Die erreichbaren Auflösungen liegen in der Größenordnung von 10–100 nm, wobei Geschwindigkeiten von einigen mm/s erreichbar sind. Die dazu notwendige präzise Mechanik ist jedoch sehr aufwändig und deswegen auch recht teuer. Aufgrund des indirekten Antriebs sind diese Systeme auch einer häufigen Wartung und mechanischer Abnutzung unterworfen. Sie sind außerdem in ihrem Bewegungsraum eingeschränkt, und ihre Anzahl in einer Mikromontagestation ist durch ihre Größe begrenzt. Zur Zeit werden mehrere solcher Systeme weltweit entwickelt. Beispiele sind das MIMOSE System, das am Forschungszentrum Karlsruhe entwickelt wird, Abbildung 3, rechts [Gengenbach 1998], sowie Forschungsarbeiten an der TU Braunschweig mit parallelen Roboterstrukturen zur Mikromontage [Hesselbach 2000].

Abbildung 3, links: Roboter MELFA RP-1AH, mit freundlicher Genehmigung von Mitsubishi Electric; rechts: Mikromontagesystem MIMOSE [Gengenbach 1998], mit freundlicher Genehmigung des Instituts für Angewandte Informatik, Forschungszentrum Karlsruhe.

2.1.2 Mobile Mikroroboter

Das Gebiet der *mobilen* Mikroroboter befindet sich heute noch weitgehend im Bereich der Grundlagenforschung. Wir rücken jedoch der Vision der automatisierten, multifunktionalen Mikromontage- bzw. Mikromanipulations-Tischstation immer näher, die aus einer Vielzahl kleiner kooperierender Roboter besteht. Diese mobilen Mikroroboter sind inzwischen nur noch wenige Kubikzentimeter groß. Sie benutzen MST-spezifische Direktantriebsprinzipien, z.B. Piezoaktuatoren, mit denen sie sowohl größere Distanzen zurücklegen als auch mit Nanometergenauigkeit positioniert werden können. Sie sind sehr flexibel einsetzbar, da sie nahezu beliebige Werkzeuge tragen können, die leicht auszuwechseln sind.

Zu dieser Gruppe gehören die in der vorliegenden Arbeit behandelten, im Rahmen des EU-Projekts MINIMAN [Miniman 2002, Wörn 2001] entstandenen Roboter (siehe Abschnitt 4.1), sowie die in Abschnitt 2.2.2 genauer beschriebenen, an der University of Electro-Communications in Tokio entwickelten Mikroroboter [Aoyama 2001].

Daneben stellen die deutlich kleineren Prototypen des NANOWALKER-Projekts vom BioInstrumentation Laboratory des Massachusetts Institute of Technology (MIT) [Martel 2001] und der ebenfalls aus dem EU-Projekt MINIMAN hervorgegangene MINIMAN V [López-Sánchez 2001] die nächste Generation dieser piezogetriebenen mobilen Mikroroboter dar, Abbildung 4. Bei ihrer Entwicklung lag der Schwerpunkt auf der Integration der Ansteuerelektronik in die Roboter selbst sowie auf der Optimierung des Bewegungsprinzips.

Abbildung 4: Mikroroboterprototypen der nächsten Generation. NANORUNNER (links, mit freundlicher Genehmigung von [Martel 2001]) und MINIMAN V (rechts, [López-Sánchez 2001]) tragen noch keine brauchbaren Werkzeuge.

Für den NANOWALKER wurde ein globales Positioniersystem entwickelt, das auf einem so genannten *Position Sensitive Detector* (PSD, positionsempfindlicher Sensor) basiert. Mit diesem System kann die Position von auf dem Roboter montierten Leuchtdioden bestimmt werden. Die Genauigkeit beträgt maximal ±5 µm bei einer Messzeit von 400 ms pro Leuchtdiode.

2.2 Mikroroboter im REM

2.2.1 Besonderheiten der Rasterelektronenmikroskopie und der Mikrowelt

Möchte man mikroskopische Objekte handhaben, stößt man sehr bald auf die so genannten *Skalierungseffekte*. Damit sind die veränderten Verhältnisse zwischen physikalischen

Größen gemeint, mit denen man in der Mikrowelt konfrontiert wird. Der für die Mikromanipulation wichtigste Skalierungseffekt ist das ungewohnte Verhältnis von Volumen- zu Oberflächenkräften. Oberflächenkräfte wie Adhäsion und Elektrostatik verhalten sich proportional zum Quadrat des Durchmessers oder der charakteristischen Länge eines Objekts während Volumenkräfte wie Gravitation und Trägheit sich mit der dritten Potenz der Länge verändern. Das hat zur Folge, dass im Mikrobereich die Oberflächenkräfte dominieren, was insbesondere das Wiederloslassen von gegriffenen Objekten erschwert. Dieser Effekt erklärt auch die Tatsache, warum Staub überall haften bleibt. Aber auch der umgekehrte Fall kann eintreten: Bei gleichnamiger elektrostatischer Aufladung von Greifer und Objekt kann das zu greifende Objekt unkontrollierbar wegspringen, wenn sich der Greifer nähert.

Die verschiedenen Skalierungseffekte sind recht gut erforscht, sowohl aus technischer als auch aus biologischer Sicht (Beispiel: Insekten). [Shimoyama 1995] gibt einen Überblick über ihre Auswirkungen auf das Design von Mikrorobotern in Hinblick auf Aktuatoren, Energiespeicher, Resonanzfrequenzen und Lebensdauer. Einige Arbeiten befassen sich mit den Skalierungseffekten speziell im Hinblick auf Mikromanipulation im REM. Saito et al. liefern genaue theoretische Betrachtungen der Wirkungen von adhäsiven Kräften und Rollreibung in einem Handhabungsszenario, das aus einer zu bewegenden Mikrokugel, einem nadelförmigen Werkzeug und dem Probenträger besteht [Saito 2001]. Solch systematischen Untersuchungen (wie z.B. auch [Zhou 1999]) zeigen, dass sich diese Effekte nur für sehr einfache Kontaktzustände und Objektgeometrien vorhersagen lassen. Die große Zahl der physikalischen Einflussfaktoren, die laufend während der Mikromanipulation gemessen und berechnet werden müssten, verhindert die Modellierung der Mikroeffekte unter realen Bedingungen.

Im Rasterelektronenmikroskop werden die auf die Mikroobjekte wirkenden Kräfte meist durch die Wirkung des Elektronenstrahls dominiert. Der periodische Elektronenbeschuss bringt Ladungen auf, die nur abfließen können, wenn die Objekte leitfähig sind und Massekontakt haben. Schon bei einer technisch sehr gut definierten Arbeitsumgebung in der Probenkammer sind die entstehenden Wechselwirkungen im Mikrobereich nicht modellierbar. Oft können Aufladungen dazu führen, dass Objekte unter dem Elektronenstrahl wegspringen, um an einer anderen Stelle fest hängen zu bleiben.

Aufgrund der Skalierungseffekte kann ein Mikroobjekt mit einem stabförmigen Werkzeug durch einfache Berührung „gegriffen" werden. Während dies recht oft glückt, ist das Loslassen bedeutend schwieriger. [Miyazaki 1997] und [Kasaya 1999] schlagen mehrere Lösungsmöglichkeiten für dieses Problem vor. Sie beruhen einerseits darauf, zum Ablegen die Kontaktfläche zwischen Greifwerkzeug und Objekt zu verringern, z.B. durch Roll- und Kippbewegungen (Abbildung 5).

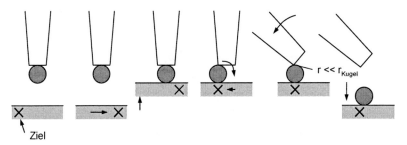

Abbildung 5: Reduzieren der Kontaktflächen zum Ablegen von Objekten nach [Kasaya 1999].

Andererseits besticht die Idee von mehreren Robotern, die sich gegenseitig helfen, indem z.b. ein von einem Greifer positioniertes Objekt beim Loslassen von einem zweiten Roboter mit einer sehr spitzen Nadel niedergehalten wird. Dieses Konzept ist weitaus flexibler und sicherer. Daher wird es in dieser Arbeit aufgegriffen.

2.2.2 Bestehende Mikrorobotersysteme im Einzelnen

Das Rasterelektronenmikroskop ist einerseits ein in sehr vielen unterschiedlichen Bereichen genutztes Werkzeug. Andererseits bietet es für sehr viele Anwendungen der Mikrorobotik ideale Voraussetzungen – abgesehen von Aufgaben, die nicht im Vakuum oder unter dem Elektronenstrahl durchführbar sind. Die hohe Auflösung und die große Schärfentiefe des REMs sind äußerst vorteilhaft für die visuelle Prozessüberwachung. Der große Arbeitsabstand bietet ausreichend Platz. Und das Vakuum in der Probenkammer schaltet ungünstige Umgebungsbedingungen wie Staub und Luftfeuchtigkeit aus. Trotzdem gibt es weltweit nur wenige Forschungsgruppen, die sich mit Mikrorobotersystemen im Rasterelektronenmikroskop beschäftigen. Die Arbeiten dieser Gruppen werden in diesem Abschnitt beschrieben. Darüber hinaus gibt es für Mikropositionierungsaufgaben industrielle Systeme, die als Erstes beschrieben werden.

Die Dortmunder Firma Kammrath & Weiss GmbH stellt stationäre, kartesische Mikropositioniertische speziell für Anwendungen im Rasterelektronenmikroskop her. Diese Tische mit einer Positioniergenauigkeit von 0,1 µm werden in erster Linie für die elektrische Halbleiterprüfung im REM gebaut. Spitze Messsonden müssen dabei mit hoher Genauigkeit auf integrierten Schaltkreisen positioniert werden, so dass Signale an den Leiterbahnen abgegriffen bzw. angelegt werden können. Abbildung 6 zeigt die aufwändige Feinwerktechnik, die in solch einem *Probermodul* (hier eines mit vier Nadeln) steckt.

12 Stand der Forschung

Abbildung 6: IC-Probermodul mit vier Positioniertischen für die Halbleiteruntersuchung, mit freundlicher Genehmigung der Kammrath & Weiss GmbH, Dortmund.

Die Firma Klocke Nanotechnik, Aachen, hat den 25 × 48 mm² kleinen „Nanomanipulator" entwickelt, der von mehreren piezogetriebenen „Nanomotoren" in einem Arbeitsbereich von 5 × 5 × 19 mm³ mit 1 nm Auflösung bewegt werden kann [Klocke 2002]. Mit einer Nadel als Endeffektor wurde dieser Nanomanipulator in einer Reihe von Experimenten im REM benutzt, um verschiedene Proben im Bereich weniger Mikrometer zu bewegen oder anzuritzen [Meyer 1998]. Ähnliche Systeme werden von der Firma Kleindiek Nanotechnik, Reutlingen, angeboten.

Am Aachener Fraunhofer Institut für Produktionstechnik wird ein Großkammer-REM benutzt, um ganze Produktionslinien für Mikrosysteme unter den Elektronenstrahl zu bringen. Während preiswerte Mikroskope nur eine relativ kleine Vakuumkammer haben (was eine starke Anpassung von Robotersystemen an die geometrischen Gegebenheiten erfordert), bietet ein Großkammer-REM mehr als einen Kubikmeter Raum für mehrere verschiedenartige Bearbeitungs- und Montageplätze [Klein 1995, Weck 1997]. Der Preis dieser Geräte ist allerdings extrem hoch. Hümmler analysiert in seiner Dissertation die Möglichkeiten der Zerspanung und der Mikromontage in solch einem Großkammer-REM [Hümmler 1998].

In der NANO MANUFACTURING WORLD (NMW) der Universität Tokio ist je eine separate Vakuumkammer für die Mikrostrukturierung – hier mittels *Fast Atom Beam Etching* – und eine für die Mikromontage vorgesehen. Konzeption und Zielstellung der NMW stellten Hatamura, Nakao und Sato z.B. in [Hatamura 1995] vor. Das Projekt umfasst viele verschiedene Aufgabenbereiche in der Mikro- bzw. Nanowelt, hauptsächlich mit

Fokus auf das Rasterelektronenmikroskop. Auch hier wird ein sehr aufwändiges Spezial-REM benutzt. Es ist mit zwei Elektronenkanonen ausgestattet, die verschiedene Blickrichtungen auf die Mikroszene liefern. Die nadelförmigen Mikrowerkzeuge werden mit stationären Positioniertischen bewegt. Damit wurden auf recht kleinem Raum eine große Anzahl von Freiheitsgraden realisiert. Abbildung 7 zeigt eine Übersicht über die Komponenten der NMW und das REM-Bild einer solchen Manipulatornadel [Tsuchiya 1999].

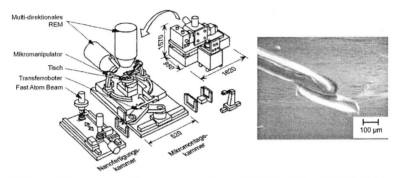

Abbildung 7: Skizze der NANO MANUFACTURING WORLD (NMW) der Universität Tokio (links) und elektrostatisches Greifen in der NMW (rechts), [Tsuchiya 1999], mit freundlicher Genehmigung der Universtät Tokio.

Bei der NMW, die normalerweise teleoperiert betrieben wird, legt man großen Wert auf die Benutzerschnittstellen[1]. Es wurden Technologien entwickelt, die dem Operator verschiedenartige Signale aus der Mikrowelt möglichst realitätsnah vermitteln. Am wichtigsten ist dabei das REM-Bild. Für die NMW wurde deshalb ein System entwickelt, das aufgenommene REM-Bilder automatisch nach ihrer Vergrößerung geordnet in einer Baumstruktur speichert. In dieser Weise gespeicherte Bildausschnitte können mit Unterstützung einer Bildverarbeitung (Mustererkennung) vom Mikroskop wieder genau angefahren werden [Matsumoto 1996]. Außerdem wurden für die NMW Methoden entwickelt, mit denen der Benutzer durch die Rückführung von Kräften oder Geräuschen ein besseres Gefühl für die Mikrooperationen bekommt. Dazu können die Signale von Kraftsensoren des Werkzeugs dem Benutzer akustisch oder über eine haptische Benutzerschnittstelle übermittelt werden [Mitsuishi 1996]. In einer aktuellen Arbeit über die NMW wird beschrieben, wie ein 1 mm³ kleines Häuschen mit Hilfe von elektrisch aufladbaren Nadeln (Abbildung 7) montiert wurde. Zwischen 10 μm und 100 μm große Objekte können mit 80% Sicherheit gegriffen und abgelegt werden. Außerdem wurde ein Mikrolötverfahren entwickelt [Tsuchiya 1999].

---

[1] Der Stand der Forschung auf dem Gebiet der Teleoperation im Allgemeinen wird in Abschnitt 6.3.1, Seite 55 kurz umrissen.

Ein ähnliches stationäres System wurde von Kasaya im REM eingesetzt. In [Kasaya 1999] wird neben den bereits oben erwähnten Greifstrategien hauptsächlich ein Bildverarbeitungssystem vorgestellt, mit dessen Hilfe das Aufnehmen und das in Abbildung 5 dargestellte Ablegen von 30 µm großen Lötkugeln im REM automatisiert wurde. Dazu wurde sowohl das REM-Bild als auch das Bild einer seitlich montierten Kamera mittels Kantenextraktion und generalisierter Hough-Transformation ausgewertet (zu Algorithmen der Bildverarbeitung siehe Abschnitt 4.3.1). Zusätzlich wurde ein Kraftsensor mit einer Auflösung von ca. 10 µN eingesetzt. Die Genauigkeit, mit der die Kugeln positioniert werden konnten, lag bei 10 µm.

Eine Forschungsgruppe am Aoyama Lab der University of Electro-Communications in Tokio setzt *mobile* Mikroroboter im Rasterelektronenmikroskop ein [Aoyama 2001]. Diese kleinen Roboter (20 × 20 × 18 mm³) werden mit Hilfe des *Inchworm*-Prinzips bewegt. Ein Roboter hält sich dabei wechselweise mit seinen elektromagnetischen Füßen an ferromagnetischen Oberflächen fest, während der Abstand zwischen den Füßen mittels Piezoelementen im Mikrometerbereich verändert wird. Damit kann sich der Roboter sogar an senkrechten Wänden und unter der Decke mit Mikroschritten bewegen. Die Bewegungsmöglichkeiten sind wie in Abbildung 8 dargestellt nicht holonom, d.h. der Roboter kann sich nicht unabhängig in allen drei Freiheitsgraden auf der Ebene bewegen.

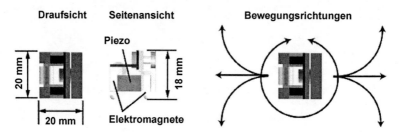

Abbildung 8: Prinzipskizzen der mobilen Mikroroboter, mit freundlicher Genehmigung des Aoyama Labs der University of Electro-Communications in Tokio [Aoyama 2001].

Der Einsatz von Elektromagneten im REM ist nicht unproblematisch, wie auch in Abschnitt 5.3.2 genauer erläutert wird. Auch wenn [Aoyama 2001] zeigen konnte, dass Bildstörungen durch eine geeignete Abschirmung der Elektromagnete weitgehend vermieden werden, sind hier Akzeptanzprobleme bei REM-Anwendern zu befürchten. Die Roboter des Aoyama Labs können im REM bereits für Positionieraufgaben ferngesteuert werden. Eine Positionssensorik und Automatisierung ist noch nicht vorhanden.

In [Kortschack 2003] werden mobile Mikroroboter vorgestellt, deren Einsatz in einem REM geplant ist. Dieses System befindet sich derzeit noch im Aufbau.

2.3 Bewertung

In der Mikrorobotik ist ein Entwicklungsvorsprung der stationären Systeme gegenüber mobilen Mikrorobotern festzustellen. Die heutigen stationären Mikrorobotersysteme verfügen für die meisten Aufgaben in der Mikrowelt über ausreichende Bewegungsauflösung und Geschwindigkeit. Die zumeist eingesetzten linearen Positioniereinheiten besitzen durch integrierte Positionssensorik Wiederholgenauigkeiten im Submikrometerbereich. Ein automatisiertes Anfahren von Positionen ist also mit solchen Systemen möglich.

Der Platzbedarf dieser stationären Roboter ist meist größer als ihr Arbeitsraum. Ihre Flexibilität ist daher stets eingeschränkt, besonders wenn es darum geht, im kleinen Bauraum einer REM-Probenkammer mehrere unabhängige Roboter mit vielen Freiheitsgraden zu integrieren. Das prognostizierte Wachstum innovativer Technologien wie Mikrosystemtechnik und Biomedizin sowie die schon bei einfachen Aufgaben problematischen Eigenheiten der Mikrowelt werden in zukünftigen Anwendungen immer mehr den parallelen Einsatz vieler kooperierende Roboter fordern. Mit mobilen Systemen, deren Arbeitsraum im Verhältnis zu ihrer Größe nahezu beliebig ist, können langfristig die bestehenden Grenzen überwunden werden.

Die heutigen mobilen Mikroroboter haben bereits einen Entwicklungsstand erreicht, auf dem sie es hinsichtlich Bewegungsauflösung und Geschwindigkeit mit stationären Systemen aufnehmen können. In Flexibilität und Bewegungsfreiraum sind sie überlegen. Dies gilt insbesondere für die in dieser Arbeit eingesetzten holonomen Mikroroboter. Dass ihre Bewegungsachsen unabhängig von einander angesteuert werden können, ist bei Mikroanwendungen enorm wichtig. Ein langwieriges und störendes Rangieren zum Anfahren bestimmter Positionen und Orientierungen entfällt.

Die Handhabung kleinster Objekte im REM geschieht heute fast nur mit einzelnen, sehr feinen Nadeln, die mit Hilfe von stationären Positioniertischen bewegt werden. Unterstützend werden diese Nadeln auch elektrisch aufgeladen, um Mikroobjekte elektrostatisch anzuziehen oder abzustoßen. Dieser Lösungsweg ist allerdings durch die eingeschränkte Kontrollierbarkeit der Operationen für die Automatisierung ungeeignet. Für eine sichere Handhabung ist daher ein definiertes Greifen wünschenswert.

Ein Arbeiten in der Mikrowelt ohne visuelle Überwachung ist aufgrund der Skalierungseffekte quasi unmöglich. Nahezu zwingend für viele künftige Aufgaben wird der Einsatz von Rasterelektronenmikroskopie zur Prozessüberwachung sein, da im Vergleich die Lichtmikroskopie in Auflösung und Schärfentiefe stark eingeschränkt ist. Während bereits viele stationäre Systeme in die Probenkammern von Rasterelektronenmikroskopen integriert wurden, gibt es bislang keine holonomen mobilen Mikroroboter, die im REM arbeiten können. Für die komfortable Teleoperation dieser Roboter wird eine intuitive Benutzerschnittstelle benötigt.

Von der vollständigen Automatisierung sind mobile Mikroroboter noch ein Stück weit entfernt. Es fehlen Methoden für eine schnelle und genaue Positionssensorik, die Voraussetzung für Lageregelung und Navigation ist. Bisher gibt es lediglich Lösungen für eine globale Positionierung von mobilen Mikrorobotern. Um aber tatsächlich mit der Mikrowelt interagieren zu können, sind Informationen über die relative Lage der Roboterwerkzeuge zu den Mikroobjekten notwendig. Ein solches lokales Positioniersystem für Mikroroboter im Rasterelektronenmikroskop existiert derzeit nur für ein stationäres Robotersystem mit nadelförmigem Werkzeug. *Kalman-Filterung*, die Methode, welche die optimale Fusion von Sensordaten ermöglicht, wird für die verschiedenartigen Sensorsysteme in der Mikrorobotik bislang nicht eingesetzt.

3 Zielsetzung der Arbeit

Ausgehend von den beschriebenen Problemstellungen, den Anforderungen der Mikrohandhabung und der Analyse der bestehenden Systeme ist das Ziel dieser Arbeit die Entwicklung eines Robotersystems in der Vakuumkammer eines konventionellen Rasterelektronenmikroskops basierend auf der Technologie piezogetriebener mobiler Mikroroboter. Die in Abschnitt 2.2.1 beschriebenen Skalierungseffekte erfordern oft schon bei einfachen mikroskopischen Aufgaben den Einsatz von mindestens zwei Robotern. Daher gilt es zunächst, mit zwei mobilen Mikrorobotern ein ferngesteuertes Handhabungssystem in der Probenkammer zu schaffen, mit dem *Pick-and-Place*-Aufgaben im Bereich bis zu wenigen Mikrometern durchgeführt werden können. Dazu muss eine Steuerung entwickelt werden, die die komfortable Teleoperation der beiden Roboter ermöglicht.

Grundvoraussetzung für die Automatisierung der Roboter ist eine Lageregelung, auf die alle weiteren Disziplinen der Robotik wie Bahn- und Aufgabenplanung aufbauen. Für die Lageregelung wiederum braucht man ein Sensorsystem, mit dem alle Freiheitsgrade der Roboter gemessen werden können. Während bei konventionellen Industrierobotern solche Sensoren in Form von Winkelgebern in den Robotergelenken integriert sind, erlaubt das Bewegungsprinzip der mobilen Mikroroboter keine zuverlässige interne Sensorik. Dieser Arbeit liegt daher das Konzept zugrunde, das Rasterelektronenmikroskop selbst als externes Sensorsystem zu verwenden. Hierzu wird untersucht, wie die hohe Auflösung des REMs für die Lageregelung von Mikrorobotern genutzt werden kann, und wo die Grenzen eines solchen Sensorsystems liegen. Die Entwicklung entsprechender Hard- und Softwarekomponenten ist somit ein weiteres Ziel dieser Arbeit, wobei großer Wert auf die Flexibilität des Systems gelegt wird: Die zu entwickelnde Systemarchitektur muss ein leichtes Austauschen der Positionssensorik ermöglichen, damit die selbe Roboterregelung z.B. auch mit einer auf Lichtmikroskopie basierenden Sensorik arbeiten kann.

Für die Fusion der Daten verschiedener Sensoren wird heute vorzugsweise eine *Kalman-Filterung* eingesetzt, da sie unter gewissen Voraussetzungen die verfügbaren Informationen optimal nutzt. Im jungen Forschungsgebiet der Mikrorobotik mit ihren neuartigen Aktor- und Sensorprinzipien fehlt jedoch bisher der durchgängige Einsatz einer solchen Sensordatenfusion. Daher werden in dieser Arbeit eine Softwarearchitektur zur flexiblen Fusion der unterschiedlichen Sensordaten und die für die Kalman-Filterung benötigten Modelle der Mikroroboter und ihrer Sensoren entwickelt.

Diese Zielsetzungen und die in Abschnitt 1.3 definierten Anforderungen werden in den Kapiteln 5-8 jeweils hinsichtlich der einzelnen Subsysteme verfeinert. Abbildung 9 gibt einen Überblick über den generellen Ansatz der Arbeit.

18 Zielsetzung der Arbeit

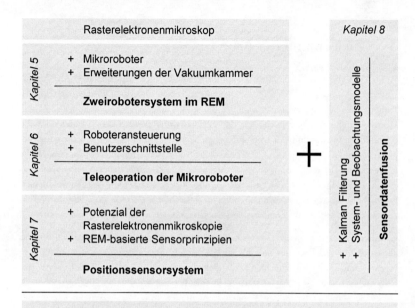

Abbildung 9: Aufbau der Arbeit

4 Grundlagen

Am Institut für Prozessrechentechnik, Automation und Robotik (IPR) der Universität Karlsruhe (TH) werden seit 1993 Mikrorobotersysteme entwickelt. Die Entwicklung des Zweirobotersystems im Rasterelektronenmikroskop ist Bestandteil dieser Forschungsarbeiten und gliedert sich in die Entwicklung einer Mikromanipulationsstation ein, deren Konzept im folgenden Abschnitt vorgestellt wird. Im darauffolgenden Abschnitt 4.2 werden die Grundlagen der Rasterelektronenmikroskopie besprochen. Anschließend werden in Abschnitt 4.3 verschiedene Methoden beschrieben, die für die Entwicklung der Positionssensorik wichtig sind.

4.1 Die eingesetzten mobilen Mikroroboter

4.1.1 Aufbau und Bewegungsprinzip

Am IPR entstanden mehrere Mikroroboterprototypen, die alle aus einer mobilen Positioniereinheit bestehen und mit unterschiedlichen Mikromanipulatoren ausgestattet sind. Sowohl die Positioniereinheiten als auch die Mikromanipulatoren erlauben eine Bewegungsauflösung von wenigen Nanometern. Bis zu sechs Freiheitsgrade pro Roboter stehen zur Handhabung von Mikroobjekten zur Verfügung. Die neuesten Prototypen dieser Art entstanden im EU-Projekt MINIMAN (**Mini**aturised Robot for Micro **Man**ipulation) in Zusammenarbeit mit der Firma Kammrath & Weiss, Dortmund [Miniman 2002].

Abbildung 10: Am IPR entwickelte Mikroroboterprototypen.

In [Fatikow 1996] wird das Bewegungsprinzip der mobilen Positioniereinheiten umfassend erklärt. Die Roboter stehen auf röhrenförmigen Piezoelementen. Beim Anlegen von elektrischen Spannungen an Piezokeramiken verändern sich die Abstände in ihrem Kristallgitter im atomaren Maßstab (*inverser piezoelektrischer Effekt*). Durch diesen Effekt kann die Länge einer Piezokeramik mit Nanometerauflösung variiert werden, was sie für den Einsatz als Aktuatoren für Mikroroboter prädestiniert. Für die MINIMAN-Roboter werden die äußeren Elektroden der Piezoröhrchen in vier Segmente unterteilt. Durch Anlegen von Spannungen (-150 bis 150 V) an den Elektroden können diese Piezo-„Beine" in jede beliebige Richtung gebogen werden, wodurch sich die Position eines Roboters entsprechend verlagert. Mit diesem Prinzip sind zwei Bewegungsmodi möglich. Im ersten, dem *Sneak*- oder *Scan*-Modus kann sich der Roboter mit einer Auflösung von 10 bis 20 Nanometern[2] innerhalb eines Bereichs von ca. $5 \times 5 \, \mu m^2$ bewegen. Abbildung 11 (links) zeigt ein einzelnes Piezobeinmodul. Als Füße werden Rubinkugeln (Ø 2 mm) verwendet, die günstige Verschleiß- und Reibungseigenschaften haben.

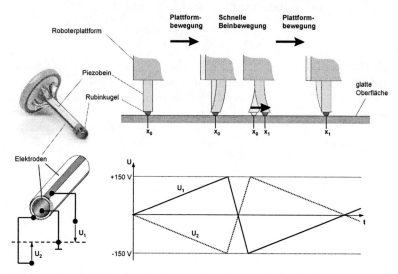

Abbildung 11: Piezobeinmodul (links) und Schaubild zum *Slip-Stick*-Bewegungsprinzip der Mikroroboter (rechts).

---

[2] Die Auflösung ist lediglich durch die derzeit eingesetzten D/A-Wandler begrenzt. Sie kann durch Wahl einer kleineren Maximalspannung verbessert werden. Allerdings verkleinert sich dadurch auch der Arbeitsbereich des Scan-Modus entsprechend. Im Zuge der Weiterentwicklung des Rechnersystems wird gegenwärtig ein PC-basierter Steuerungsrechner erprobt, der über eine PCI-Karte mit digitalem Signalprozessor (DSP) verfügt. Deren Analogausgänge sind höher aufgelöst und erlauben eine Bewegungsauflösung von weniger als 0,1 nm [Seyfried 2003].

Um den Roboter weitere Distanzen über das Arbeitsfeld zurücklegen zu lassen, wird im zweiten Modus ein *Slip-Stick*-Prinzip eingesetzt, siehe Abbildung 11. Dabei werden die Beine zunächst langsam in eine Richtung gebogen. Beim anschließenden schnellen Zurückbiegen durch Umpolen der Elektrodenspannungen (Abbildung 11, rechts unten) rutschen die Beine aufgrund der Trägheit des Roboters durch, so dass ca. 4 µm lange Schritte[3] ausgeführt werden können. Durch hochfrequente ($\approx$4 kHz) Wiederholung dieser Bewegungsfolge können Geschwindigkeiten von bis zu einigen Zentimetern pro Sekunde erreicht werden.

4.1.2 Systemüberblick und Sensorikkonzept

Das Konzept der am IPR entwickelten Mikromanipulationsstation wurde in [Fatikow 1996] vorgestellt und danach stetig weiterentwickelt, z.b. [Fatikow 1999 a, Schmoeckel 2000 b, Wörn 2001]. Den Überblick über die Station zeigt Abbildung 12. Die Roboter, die unter dem Lichtmikroskop oder im REM arbeiten, werden von einem Rechnersystem angesteuert, das aus einem zentralen PC und einem Parallelrechnersystem besteht [Seyfried 1999]. Das Parallelrechnersystem generiert die Spannungsverläufe für alle Elektroden der Roboteraktuatoren sowie Signale für die Peripherie der Station. Über Ethernet erhält es Befehle vom zentralen PC, z.B. Amplitude, Biegerichtung und Frequenz für jedes einzelne Piezobein eines Roboters. Der PC führt Programme für die Sensordatenverarbeitung, die Regelung und die Benutzerschnittstellen aus. Einzelheiten über die Einbindung des REMs in die Station sowie über die Benutzerschnittstelle zur Teleoperation (linker Teil von Abbildung 12) werden in Abschnitt 5.3 bzw. 6.3 beschrieben.

Das Bewegungsprinzip der mobilen Mikroroboter erlaubt eine sehr kostengünstige und platzsparende Roboterkonstruktion, da bereits die verhältnismäßig grobe Ausrichtung der Piezobeine durch die üblichen Fertigungstoleranzen für eine koordinierte Bewegung des Roboters ausreicht. Ein Problem ist aber, dass das Durchrutschen der Roboterbeine bei der Slip-Stick-Bewegung sehr stark von vielen verschiedenen Parametern abhängt. In erster Linie ist dies die Beschaffenheit der Arbeitsoberfläche, auf der der Roboter läuft. Außerdem kann der Roboter während der Bewegung nur sehr kleine Kräfte aufnehmen. Daher stören auch die Steifigkeit der Versorgungsdrähte, die der Roboter hinter sich her zieht, und Verschiebungen des Roboterschwerpunkts. Die Folge ist, dass die Bewegung des Roboters im Mikrobereich nur ungenau vorhersagbar ist. Die Störungen der Bewegungen lassen sich nicht exakt modellieren (vgl. Abschnitt 8.1.3, Seite 97 ff.). Eine Lageregelung, die eine Wiederholgenauigkeit im Mikrometerbereich erzielen muss, ist daher auf externe Positionssensorik angewiesen.

---

[3] Die Schritte sind oft kürzer als die oben mit 5 µm angegebene Größe des Bewegungsbereichs im Scan-Modus. Dies liegt am Schlupf zwischen den Roboterfüßen und dem Boden während der Slip-Stick-Bewegung.

22 Grundlagen

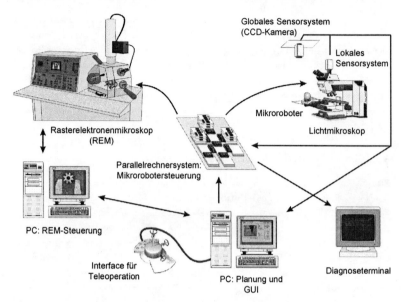

Abbildung 12: Überblick über die Mikromanipulationsstation.

Dem Konzept der Positionssensorik für die Mikromanipulationsstation liegt die Idee zugrunde, Mikroskopbilder zur Gewinnung von Positionsinformationen zu nutzen. Aufgrund der in Abschnitt 2.2.1 beschriebenen Skalierungseffekte ist die Mikrorobotik ohnehin auf die Mikroskopie zur visuellen Prozessüberwachung angewiesen. Das Lichtmikroskop, mit einer CCD-Kamera ausgestattet, dient somit als ein lokaler Sensor der Mikromanipulationsstation.

Für die grobe Positionierung der Roboter im Sichtfeld des Mikroskops wird eine globale Kamera benutzt, die den gesamten Arbeitsbereich der Roboter erfasst. Auf den Robotern sind Infrarot-Leuchtdioden montiert, die von einer Bildverarbeitung leicht im Kamerabild erkannt und verfolgt werden können. Die verwendeten Methoden und Algorithmen werden in [Fatikow 1999 b] ausführlich beschrieben und in Abschnitt 4.3.1 zusammengefasst.

4.2 Rasterelektronenmikroskopie

Im Rasterelektronenmikroskop wird ein fein fokussierter Elektronenstrahl rasterförmig über eine sehr kleine Fläche bewegt. Durch Stoßprozesse dieses *Primärelektronenstrahls* mit dem Probenmaterial entsteht verschiedenartige Strahlung. Die aus den einzelnen Rasterpunkten emittierte Strahlung wird mit Detektoren gemessen. Dieses Signal dient als Helligkeitsmaß für die korrespondierenden Punkte eines Monitorbilds. Das Bild zeigt dann die Probe aus der Richtung des Elektronenstrahls, und zwar vergrößert entsprechend dem Verhältnis von Monitorbildbreite zur Breite der abgerasterten Fläche. Abbildung 13 zeigt die aus dem Wirkungsbereich des Elektronenstrahl-Brennflecks emittierte Strahlung.

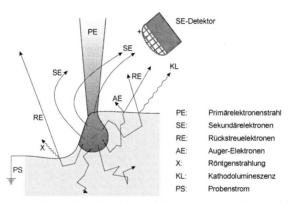

Abbildung 13: Aus dem Wirkungsbereich des Elektronenstrahl-Brennflecks emittierte Strahlung und messbare Signale.

Das wichtigste Signal zur Erzeugung von REM-Bildern ist das der *Sekundärelektronen* (SE). Diese durch unelastische Stöße aus Probatomen herausgelösten Elektronen haben eine geringe Energie (< 50 eV). Sie können daher leicht vom positiv geladenen Gitter eines Sekundärelektronendetektors (Everhard–Thornley Detektor) angezogen werden. Hinter dem Gitter werden sie weiter auf einen *Szintillator* beschleunigt, ein Material, in dem bei Elektronenbeschuss Lichtquanten entstehen, die ein Signal darstellen, das weiter verstärkt werden kann. Nur Sekundärelektronen, die in geringer Tiefe unter der Probenoberfläche entstehen, können das Probenmaterial verlassen. Aufgrund des tropfenförmigen Wirkungsbereichs des Elektronenstrahls wächst das Signal der emittierten Sekundärelektronen mit der Neigung der Probenoberfläche, Abbildung 13. Dies hat zur Folge, dass die Kanten sowie dünne, haarförmige Strukturen der Probe heller erscheinen als flache Bereiche. Dieser Effekt ist deutlich in Abbildung 14, links zu sehen. Rechts daneben ist das Rückstreuelektronenbild zu sehen. *Rückstreuelektronen* (RE) sind Elektronen des Primärstrahls, die durch Stoßprozesse die Probe wieder verlassen. Ihre Energie reicht von der der Primärelektronen bis herab in den Bereich der Sekundärelektronen. Die schnellen Rückstreuelektronen lassen sich kaum ablenken und bewegen sich daher auf sehr geradlinigen Bahnen. Dadurch entstehen deutliche Schatteneffekte (Abbildung 14, rechts), wobei die Szene aus der Richtung des Detektors beleuchtet zu sein scheint. Eine weitere Folge der geradlinigen RE-Bahnen ist, dass mit einem Detektor nur ein kleiner Teil der emittierten RE aufgefangen werden kann. Daher ist das RE-Signal sehr viel schwächer als das SE-Signal. Um dennoch rauschfreie RE-Bilder zu erhalten, muss die Abtastfrequenz herabgesetzt werden. Für jeden Bildpunkt wird das Detektorsignal über eine gewisse Zeitspanne hinweg aufintegriert, so dass das Rauschen durch eine Mittelung über die Zeit entfernt wird. Auch bei sehr hochauflösenden Aufnahmen muss die Integrationszeit verlängert werden; denn hierfür wird der Durchmesser des Brennflecks entsprechend der gewünschten Auflösung verkleinert, und damit auch der Primärelektronenstrom und das resultierende Detektorsignal.

 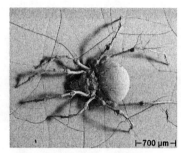

Abbildung 14: Vergleich des Sekundär- und Rückstreuelektronenbilds einer Hornmilbe.

Weitere Signale für REM-Bilder sind Röntgenstrahlung und die Emission von *Auger-Elektronen*, durch die Informationen über das Probenmaterial gewonnen werden können. Durch die sog. *Kathodolumineszenz* werden Photonen im sichtbaren Bereich emittiert. Außerdem kann bei leitfähigen Materialien der *Probenstrom* gemessen werden, der von nicht emittierten und daher abfließenden Ladungen herrührt.

4.3 Grundlagen für Positionssensorik

Im Rahmen der vorliegenden Arbeit wurde eine neuartige Positionssensorik für Mikroroboter im Rasterelektronenmikroskop entwickelt. Hierfür mussten verschiedene Komponenten und Methoden entwickelt, realisiert und integriert werden. Zum Einsatz kommen Methoden der Bildverarbeitung, der Kameramodellierung, der Triangulation und der Sensordatenfusion, deren Grundlagen im Folgenden erklärt werden.

4.3.1 Methoden der Bildverarbeitung

Bei der schon angesprochenen globalen Positionssensorik werden zwei einfache Verfahren benutzt. Wenn die Position eines Roboters noch nicht bekannt ist, müssen seine LEDs auf der gesamten Arbeitsfläche gesucht werden. Dazu werden mit der globalen Kamera zwei Bilder aufgenommen: eines während die LEDs leuchten und eines bei abgeschalteten LEDs. Ein Differenzbild, in dem die Grauwerte dieser beiden Bilder subtrahiert wurden, enthält nur die Leuchtpunkte der LEDs. Da aber auch Reflexionen der LEDs auftreten können, reicht es nicht aus, nur die hellsten Punkte im Differenzbild

4.3 Grundlagen für Positionssensorik

zu suchen. Zum Erkennen der Leuchtpunkte wird der regionenorientierte Segmentierungsalgorithmus *Pyramid Linking* verwendet, der z.B. in [Jähne 1997] erklärt wird. Er liefert für jeden Leuchtpunkt ein Segment, dessen Mittelpunkt berechnet wird. Nach der Umrechnung dieser Bildpunkte in 3D-Weltkoordinaten, müssen sie den einzelnen LEDs des Roboters zugeordnet werden. Dies geschieht, indem die Abstände zwischen den gefundenen Punkten mit den realen Abständen zwischen den LEDs verglichen werden. Da die Segmentierung die LED-Positionen in einer unbestimmten Reihenfolge liefert, müssen sie zuerst richtig sortiert werden. Dabei wird ausgenutzt, dass die LEDs ein konvexes Polygon formen. Von einem der Punkte aus werden die Verbindungslinien zu den anderen Punkten ihrer Steigung nach sortiert. Man erhält ein Polygon, dessen Eckpunkte im Gegenuhrzeigersinn durchnummeriert sind, und das mit dem LED-Polygon verglichen werden kann. Der Roboter kann dadurch eindeutig identifiziert und seine Position und Orientierung berechnet werden [Fatikow 1999 b].

Wenn während einer Bewegung die ungefähre Position des Roboters bereits bekannt ist, wird eine sehr einfache Bildverarbeitung zum Verfolgen der LEDs benutzt. In kleinen Bildausschnitten, die die vermuteten Positionen der LEDs enthalten, werden die hellsten Pixel mit einem Schwellwertverfahren extrahiert und zu Segmenten zusammengefasst. Die Schwerpunkte dieser Segmente werden als Mittelpunkte der LEDs angenommen.

In der vorliegenden Arbeit werden für die Positionsbestimmung eines Roboterwerkzeugs im Mikroskopbild ebenfalls Markierungen eingesetzt, die robust und schnell gefunden werden müssen. Wie in Abschnitt 7.4.1 (Seite 71) erläutert wird, sind diese Markierungen kreisförmig. Für ihre Erkennung bietet sich eine *Hough-Transformation* für Kreise an.

Eine Hough-Transformation im Allgemeinen ist ein Verfahren zum Finden von parametrisierbaren geometrischen Strukturen wie z.B. Geraden und Kreisen in einem Bild [Haberäcker 1995]. Kreise werden durch ihren Mittelpunkt (x, y) und ihren Radius r parametrisiert. Die Menge der möglichen Parametertupel spannt den so genannten *Hough-Raum* auf. Der Hough-Raum für Kreise ist also dreidimensional (x, y, r). Jedes Element dieses Raumes ist ein Akkumulator, dessen Wert zu Beginn der Transformation auf Null gesetzt wird. Für jeden Punkt des Ausgangsbildes werden alle Parametertupel gesucht, auf deren zugehöriger geometrischen Struktur der Bildpunkt liegen kann. Die zu den in Frage kommenden Parametertupeln gehörenden Akkumulatoren werden um ein Maß erhöht, das vom Grauwert des Bildpunktes abhängt. Die drei Achsen des Hough-Raums für Kreise werden sinnvollerweise entsprechend der möglichen Positionen und Größen der gesuchten Kreise beschränkt. Im Allgemeinen wird man als Grenzen für x und y die Größe des Originalbilds benutzen. Kreise, deren Mittelpunkte außerhalb des Bildes liegen, werden dadurch für die Erkennung ausgeschlossen. Die Grenzen des Radius $r_{min} \leq r \leq r_{max}$ richten sich nach der möglichen Größe der gesuchten Kreise. Als Diskretisierungsschritt kann der gleiche wie im Ortsbereich des Originalbilds gewählt werden, nämlich ein Pixel. Eine etwas kleinere Diskretisierung kann die Genauigkeit geringfügig erhöhen. Es werden nur jene Bildpunkte transformiert, deren Grauwert größer als ein bestimmter Schwellwert ist. Für die Transformation werden für alle Radien

$r_{min} \leq r \leq r_{max}$ im Abstand des Diskretisierungsschritts alle Kreisringe mit Radius r berechnet, von denen der aktuelle Bildpunkt ein Element sein kann. Das sind alle Kreise, deren Mittelpunkte auf einem Kreis um den betrachteten Punkt mit Radius r liegen. Damit große Kreise im Hough-Bild nicht stärker bewertet werden als kleine, wird für jeden der berechneten Kreise der zugehörige Akkumulator im Hough-Raum um einen Wert erhöht, der umgekehrt proportional zum Kreisumfang $2\pi r$ ist. Nach Beendigung der Hough-Transformation werden im Akkumulatorfeld (Hough-Raum) die Maxima gesucht. Die zugehörigen Parametertupel kennzeichnen die gefundenen Kreise.

Die Hough-Transformation für Kreise findet innerhalb großer heller Flächen sehr viele Kreise, nämlich alle, die in diese Fläche hineinpassen. Dies wird verhindert, indem das Originalbild nicht direkt für die Hough-Transformation benutzt wird. Vielmehr werden zuvor die im Bild sichtbaren Kanten extrahiert. Solch eine Kantendetektion basiert immer auf Differenziation. Da Kanten gleichbedeutend mit Sprüngen im Grauwertverlauf sind, treten sie im Gradientenbild stark hervor. Das in dieser Arbeit verwendete Differenzenfilter ist der *optimierte Sobeloperator* von [Scharr 1996]. Diese und weitere Grundlagen der Bildverarbeitung können in [Jähne 1997] nachgelesen werden.

4.3.2 Kameramodellierung

Um aus der 2D-Position von Punkten in einem Kamerabild auf die räumliche Lage der betrachteten Objekte schließen zu können, müssen die Parameter des optischen Systems sowie die Lage der Kamera im Raum bekannt sein. Für solche photogrammetrischen Berechnungen wird üblicherweise das Kameramodell von Tsai verwendet [Tsai 1987]. Dieses Modell benutzt elf Parameter:

- Fünf intrinsische Kameraparameter, auch innere Orientierung genannt: Fokale Länge, drei Parameter für die radiale Linsenstörung 1. Ordnung und einen Skalierungsfaktor

- Sechs extrinsische Kameraparameter (äußere Orientierung): drei für die Rotation und drei für die Translation des Kamerakoordinatensystems in das Weltkoordinatensystem

Die Kalibrierung des Kamerasystems, also die Bestimmung dieser elf Parameter, erfolgt durch die Aufnahme eines Gitters, dessen Abmessungen bekannt sind. Die einzelnen Gitterpunkte werden im aufgenommenen Bild identifiziert. Der Tsai-Algorithmus bestimmt dann die Abbildungsparameter durch Lösen des überbestimmten Gleichungssystems, das mit den Bild- und Weltkoordinaten der bekannten Punkte aufgestellt wird.

4.3.3 3D-Vermessung durch Triangulation

Die Triangulation ist im makroskopischen Bereich ein etabliertes Verfahren zur dreidimensionalen Vermessung von Objekten. Dabei wird üblicherweise Laserlicht auf die zu vermessende Oberfläche projiziert. Das von der Oberfläche reflektierte Licht wird auf einem optischen Sensor abgebildet. Kennt man die Lage des Lichtstrahls sowie die

4.3 Grundlagen für Positionssensorik

Position und die optischen Parameter des Sensors, kann aus dem Bild des angestrahlten Objektpunkts seine räumliche Lage berechnet werden.

Bei der Linientriangulation, auch *Lichtschnittverfahren* genannt, wird eine Linie auf das zu vermessende Objekt projiziert. Sie entspricht dem Schnitt der Lichtebene mit der Oberfläche des Objekts. Das mit einer Kamera aufgenommene Bild dieser Linie ermöglicht daher Rückschlüsse auf das Profil des Objekts. Abbildung 15 zeigt die Übertragung dieses Prinzips auf die 3D-Vermessung von Mikroobjekten unter dem Lichtmikroskop.

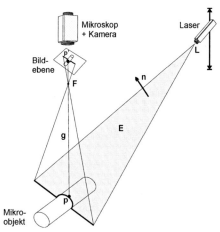

Abbildung 15: Lichtschnittverfahren mit einem Linienlaser und einem Lichtmikroskop [Buerkle 2000].

Wieder müssen die genaue Laserposition, der Projektionswinkel und die Abbildungsparameter des optischen Systems, bestehend aus Mikroskop und Kamera, bekannt sein. Das Urbild **p** eines Punktes **p'** im Kamerabild ergibt sich dann durch Schnitt der zugehörigen Projektionsgeraden **g** mit der Laserlichtebene **E** [Buerkle 2000].

Kommerziell sind beispielsweise Abstandssensoren auf Laserbasis erhältlich, die in einem Messbereich von 0,5 mm bis 400 mm arbeiten und eine Messgenauigkeit von bis zu 0,1 µm besitzen.

4.3.4 Kinematische Modellierung der Roboter

Nicht nur für die Realisierung einer externen Positionssensorik ist die kinematische Modellierung der Roboter wichtig. Mit Hilfe der direkten Kinematik wird die kartesische Lage der Robotergelenke in Abhängigkeit von der Konfiguration berechnet. Dies wird u.a. für die Sensordatenfusion benötigt, weil die Vorhersage der Position des Roboterendeffektors basierend auf der Roboterkonfiguration als zusätzliche Information genutzt werden kann. Zur Programmierung der Bewegung des Roboterwerkzeugs wird die inverse Kinematik benötigt, also das Zurückrechnen von der Position und Orientierung des Endeffektors auf die Gelenkwinkel des Roboters.

Die Stellung von Objekten bzw. von mit ihnen assoziierten Koordinatensystemen zueinander werden meist durch homogene Transformationsmatrizen beschrieben. Die Transformation eines in homogenen Koordinaten dargestellten Punktes $\mathbf{p}$ vom Koordinatensystem xyz in das Koordinatensystem $(xyz)'$ geschieht durch $\mathbf{p}_{xyz} = \mathbf{T}\mathbf{p}_{(xyz)'}$. $\mathbf{T}$ ist die Transformationsmatrix, die die Drehung und Verschiebung von xyz nach $(xyz)'$ beschreibt. Zur vollständigen Beschreibung der Stellung eines Objekts benötigt man demnach nur eine Transformationsmatrix und einen Verweis auf das Referenzkoordinatensystem, also auf ein Referenzobjekt. Solch eine Beschreibung wird in der Robotik üblicherweise als *Frame* bezeichnet. Die Transformationsmatrix wird durch einen sechsdimensionalen Vektor bestimmt, der die Verschiebewerte t_x, t_y, t_z entlang der Achsen des Referenzsystems und die Drehwinkel α, β, γ um die Achsen des Referenzsystems enthält. Um Eindeutigkeit zu garantieren, muss für die Drehwinkel eine feste Reihenfolge bestimmt werden.

Durch die Verkettung von Frames entsteht ein gerichteter Graph (*Frame-Referenzgraph, Frame-Baum*), der die Struktur z.B. eines Roboters beschreibt und dessen Wurzel das Welt- oder Basiskoordinatensystem ist. Wird ein Gelenk des Roboters bewegt, muss nur der Frame dieses Gelenks aktualisiert werden, obwohl andere, mit dem Gelenk verbundene Glieder mit bewegt werden. Die Berechnung der absoluten Lage eines Gliedes erfolgt durch Multiplikation der (relativen) Transformationsmatrizen der Frames, die im Frame-Referenzgraphen zwischen dem Weltkoordinatensystem und dem betreffenden Frame liegen. Einzelheiten über Kinematik und Frame-Konzept können in [Siegert 1996] nachgelesen werden.

4.3.5 Sensordatenfusion mit Kalman-Filtern

Aufgabe der Sensordatenfusion ist, eine genaue Schätzung des Zustands eines Systems zu geben, wobei möglichst alle verfügbaren Informationen ideal genutzt werden sollten. Vorzugsweise werden hierfür Kalman-Filter benutzt, da sie unter gewissen Voraussetzungen im Sinne der kleinsten Fehlerquadrate die *optimale* Schätzung liefern. Es gibt viele verschiedene Schätzfilter[4] und viele Veröffentlichungen zu diesem Thema. Hier sei ausnahmsweise auf eine Internetseite verwiesen [Welch 2002] – die von Gregory F. Welch gepflegte Seite gibt einen hilfreichen Überblick über Kalman-Filter und über die

---

[4] Ein Filter ist im umgangssprachlichen Sinne eine Einrichtung, die etwas zurückhält. So trennt der Vorläufer des Kalman-Filters, das Wiener-Filter, Nutzsignale anhand statistischer Eigenschaften von additiven Störungen. Das Kalman-Filter ist eher ein mathematisches Modell, das das für statische Größen entwickelte Wiener-Filter auf dynamische Probleme erweitert. Das Kalman-Filter ermöglicht es, in den Sensormessungen den tatsächlichen Verlauf des Zustands eines Systems vom Rauschen der Sensoren und des Systemmodells zu trennen.

4.3 Grundlagen für Positionssensorik

einschlägige Literatur. Eine Einführung ist zum Beispiel das erste Kapitel von [Maybeck 1979].

Grundlage für die Kalman-Filterung ist die mathematische Beschreibung des Zustands eines Systems durch ein zeitdiskretes Systemmodell. Der Zustand ist dabei ein Vektor $\mathbf{x}(t) \in \Re^n$ aus den n relevanten internen Parametern des Systems, die das Systemverhalten charakterisieren. Im Allgemeinen ist der interne Zustandsvektor $\mathbf{x}(t)$ nicht direkt durch Sensoren messbar, wohl aber daraus abgeleitete Größen. Die m Messgrößen bilden den Messvektor $\mathbf{z}(t) \in \Re^m$. Sowohl das Systemmodell als auch die Messung unterliegen Unsicherheiten, die durch die Störkomponenten $\mathbf{w}(t)$ bzw. $\mathbf{v}(t)$ berücksichtigt werden. Danach wird ein zeitdiskretes, nichtlineares dynamisches System mit der Abtastzeit δt beschrieben durch:

$$\mathbf{x}(t + \delta t) = f(\mathbf{x}(t), \mathbf{u}(t), \mathbf{w}(t))$$
$$\mathbf{z}(t) = h(\mathbf{x}(t), \mathbf{v}(t)),$$
(4.1)

wobei $\mathbf{u}(t) \in \Re^l$ eine steuernde Einflussnahme durch l Stellgrößen beschreibt (Steuervektor). Die Störkomponenten $\mathbf{w}(t)$ bzw. $\mathbf{v}(t)$ werden beim Standardmodell des Kalman-Filters als Gauß'sches Rauschen mit dem Mittelwert Null modelliert. Für die Filterung müssen die Kovarianzen dieser Größen möglichst gut bekannt sein, also die Kovarianzmatrix $\mathbf{Q}$ des Prozessrauschens $\mathbf{w}(t)$ und die Kovarianzmatrix $\mathbf{R}$ des Messrauschens $\mathbf{v}(t)$. Mit ihrer Hilfe bestimmt das Filter nach jedem Zeitschritt δt die richtige Gewichtung der Messergebnisse zu den durch das Systemmodell berechneten Vorhersagen. Das iterativ arbeitende Filter benötigt für eine Schätzung stets nur die Informationen des vorhergehenden Zeitschritts, wodurch sich eine sehr gute Echtzeitfähigkeit ergibt.

Am gebräuchlichsten ist das *Extended Kalman Filter* (EKF), das recht einfach zu verstehen und anzuwenden ist. Welch und Bishop erweiterten es durch die Methode *Single-Constraint-At-A-Time* (SCAAT) [Welch 1997]. Danach muss für eine Schätzung nicht gewartet werden, bis alle das System vollständig definierenden Messgrößen vorliegen. Vielmehr kann jedes Mal, wenn eine einzelne Messung vorliegt – und damit nur eine einzelne Bedingung (*single constraint*) –, eine neue, genauere Schätzung des gesamten Zustands berechnet werden. Beim EKF wird das nichtlineare Systemmodell ähnlich wie durch eine Taylor-Reihe erster Ordnung mit Hilfe der ersten Ableitungen um den aktuellen Schätzwert herum linearisiert. Im Falle von Vektoren sind dafür die Jakobi-Matrizen von f und h zu berechnen.

Der Filter-Algorithmus arbeitet nun wie folgt:

1. Vorhersage des Zustandsvektors durch das Systemmodell f (auch Vorhersagemodell genannt) sowie der Fehlerkovarianzmatrix $\mathbf{P}$ des Zustands aus den Werten des vorhergehenden Zeitschritts und der Systemkovarianzmatrix $\mathbf{Q}$.

2. Vorhersage des Messvektors durch h, auch Beobachtungsmodell genannt, aus dem vorhergesagten Zustandsvektor.

3. Berechnung der so genannten Verstärkungsmatrix **K** (*Kalman Gain*). Im Falle des EKF geschieht das mit Hilfe der vorhergesagten Fehlerkovarianzmatrix **P**, der bekannten Kovarianzmatrix des Messrauschens **R** und den Jakobimatrizen von f und h.

4. Berechnung des Residuums zwischen dem tatsächlich gemessenen Messvektor und dem in Schritt 2 vorhergesagten.

5. Korrektur des vorhergesagten Zustands durch das mit der Verstärkungsmatrix **K** gewichtete Residuum:

$$\mathbf{x}(t) = (\text{Vorhersage von } \mathbf{x}(t)) + \mathbf{K}(t) \cdot (\mathbf{z}(t) - \text{Vorhersage von } \mathbf{z}(t)), \qquad (4.2)$$

sowie Korrektur der Fehlerkovarianzmatrix **P**.

In dieser Arbeit wird das von Julier und Uhlmann entwickelte *Unscented Kalman Filter* (UKF) verwendet [Julier 1997]. Es ist dem EKF bei gleichermaßen geringem Rechenaufwand aus folgenden Gründen überlegen (nach [Wan 2000]):

Der zentrale Schritt der Kalman-Filterung ist das Propagieren der Gauß'schen Zufallsvariablen **x** (repräsentiert durch ihr Mittel und ihre Kovarianz) durch die Systemgleichungen. Dies geschieht beim EKF durch die lineare Näherung *erster* Ordnung des Systems, was bei stärkeren Nichtlinearitäten zu größeren Fehlern führen kann. Beim UKF hingegen wird geschickt eine kleine Anzahl von Beispielpunkten gewählt, die Mittel und Kovarianz der Zufallsvariablen vollständig repräsentieren. Diese so genannten *Sigma*-Punkte werden durch das tatsächliche nichtlineare Systemmodell propagiert. Dadurch lassen sich das vorhergesagte Mittel und die Kovarianz mit einer Genauigkeit bestimmen, die im Falle Gauß'scher Zufallsvariablen einer Taylor-Entwicklung *dritter* Ordnung entspricht. Ein ähnlich genaues EKF wäre sowohl in der Realisierung als auch in der Ausführung extrem aufwändig. Ein weiterer Vorteil des UKF ist die einfachere Implementierung durch das Wegfallen der expliziten Berechnung der Jakobimatrizen.

5 Entwicklung eines Zweirobotersystems für die Integration im REM

5.1 Bewältigung der Skalierungsprobleme

Um den in Abschnitt 2.2.1 beschriebenen Skalierungsproblemen beim Handhaben von mikroskopischen Objekten mit Hilfe von mobilen Mikrorobotern zu begegnen, wurde das Konzept von zwei kooperativ arbeitenden Robotern ausgewählt. Dabei ist es die Aufgabe des einen Roboters, die Mikroobjekte zu greifen, zu transportieren und zu positionieren. Kommt es dann beim Ablegen der Objekte zu Schwierigkeiten, hilft der zweite Roboter. Ausgerüstet mit einer sehr spitzen Nadel kann er am Mikrogreifer des ersten Roboters haften bleibende Objekte niederhalten, Abbildung 16. Wenn dann der geöffnete Mikrogreifer abrückt, bleibt das Objekt an der gewünschten Stelle liegen. Die Kontaktfläche zwischen dem Objekt und seiner Auflagefläche ist nun normalerweise deutlich größer als die Kontaktfläche zur Hilfsnadel des zweiten Roboters. Daher ist es sehr wahrscheinlich, dass das Objekt auch am Platz bleibt, wenn schließlich die Nadel weggezogen wird.

Bei weichen Objekten besteht die Gefahr, dass die Nadel in die Objekte hineinsticht. In diesem Fall kann sie jedoch zum Abstreifen der Objekte benutzt werden (Abbildung 16, unten).

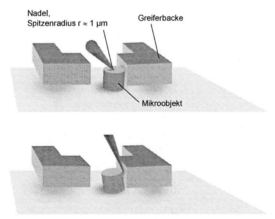

Abbildung 16: Niederhalten (oben) und Abstreifen (unten) eines Mikroobjekts mit Hilfe einer spitzen Nadel.

5.2 Anforderungen

Zur Umsetzung des vorgestellten Konzepts sind diverse Anforderungen an ein Mikrorobotersystem zu stellen.

Zunächst ist es wünschenswert, dass die Mikroobjekte wirklich definiert gegriffen werden. Daher ist mindestens einer der beiden Roboter mit einem geeigneten Zweibackengreifer auszurüsten. Somit werden Greifunsicherheiten im Vergleich zu Ansätzen mit nadelförmigen Werkzeugen (siehe Abschnitt 2.2.2) stark verringert.

Für den Einsatz im Rasterelektronenmikroskop müssen die Roboter selbstverständlich vakuumtauglich und möglichst klein sein. Außerdem dürfen sie nicht durch ungeeignete Materialien oder durch elektromagnetische Felder Störungen im REM-Bild verursachen.

Umgekehrt sind einige wenige Erweiterungen am REM notwendig. Dies betrifft zum einen mechanische und elektrische Komponenten für die Integration der Mikroroboter. Zum anderen muss das REM durch einen Rechner angesteuert werden können, damit es als Sensorsystem genutzt werden kann.

Darüber hinaus sind zur Überwachung während der Teleoperation und zur Umsetzung des in Abschnitt 4.1.2 vorgestellten Sensorkonzepts geeignete Kameras in die Vakuumkammer des REMs zu integrieren.

Wie diese Anforderungen im Einzelnen zu erfüllen sind, wird in den folgenden Kapiteln erläutert.

5.3 Voraussetzungen für den Mikrorobotereinsatz im REM

In dieser Arbeit wird ein Philips SEM 525-M Rasterelektronenmikroskop verwendet. Die Elektronenoptik und die Vakuumtechnik dieses Geräts aus den 1980er Jahren repräsentieren durchaus noch den Durchschnitt der heute betriebenen Mikroskope. Nicht so jedoch die Elektronik, siehe hierzu Abschnitt 5.3.4. Die Probenkammer des Geräts ist mit ca. $380 \times 366 \times 310$ mm^3 recht geräumig und verfügt über einen motorisierten Probentisch.

Die Voraussetzungen für den Einsatz von mobilen Mikrorobotern im REM gliedern sich in Erweiterungen sowohl der Vakuumkammer als auch der Elektronik des REMs. Wie schon erwähnt ist die Vakuum- und REM-Tauglichkeit sämtlicher in die Probenkammer zu integrierenden Komponenten sicher zu stellen. Außerdem müssen die Einstellungen des REMs sinnvoll gewählt werden.

5.3.1 Parameter des REMs

Für den Einsatz des REMs zur Überwachung der Mikroroboter ist das Einstellen der Parameter der Elektronenoptik und der Elektronendetektoren sehr wichtig. Die Anforderungen an das REM-Bild sind dabei für die Teleoperation der Roboter und für den

5.3 Voraussetzungen für den Mikrorobotereinsatz im REM

Betrieb des REMs als Positionssensorsystem im Wesentlichen identisch. In beiden Fällen ist es besonders wichtig, das REM-Bild in einer ausreichend hohen Frequenz zu aktualisieren. Für jede Sensorik gilt selbstverständlich „je schneller desto besser". Für die Teleoperation dient das menschliche Auge als Maßstab. Es empfindet eine Bildfolge ab einer Bildwiederholrate von 25 Bildern pro Sekunde als absolut flüssig. Gibt man sich mit etwas gedrosselten Geschwindigkeiten der Roboter zufrieden, sind 10–12 Bilder pro Sekunde gerade noch akzeptabel. Dies gilt auch für eine automatische Positionssensorik für die Roboter. Das REM-Bild muss also schnell genug eingelesen werden. Da aber bei Erhöhung der Abtastgeschwindigkeit die Integrationszeit pro Bildpunkt verkürzt wird, ist die Bildfrequenz durch das Rauschen des Elektronendetektorsignals begrenzt. Bei gegebener Helligkeit der Elektronenquelle (es wurde sowohl mit einer Wolfram- als auch mit einer sehr viel helleren LaB_6-Kathode gearbeitet) muss daher ein Kompromiss zwischen dem Signalrauschen und der Größe des REM-Bilds in Bildpunkten gefunden werden. Die Elektronenausbeute pro Bildpunkt kann man durch Wahl eines möglichst großen Durchmessers des Primärelektronenstrahls, bzw. seines Brennflecks maximieren. Für die Akquisition von rauschfreien Sekundärelektronenbildern in Echtzeit bietet sich daher ein Brennfleckdurchmesser zwischen 200 nm und 500 nm an. Dies lässt allerdings die Auflösung – und damit die maximale Vergrößerung – auf mindestens diese Größe schrumpfen. Da der Wirkungsbereich des Brennflecks meist größer ist als der Durchmesser des Primärelektronenstrahls, ist die Auflösung oft deutlich geringer. Die Intensität des Primärelektronenstrahls lässt sich weiter durch eine größere Blende[5] steigern, was jedoch die überragende Schärfentiefe des REMs verkleinert. Auch hier muss demnach ein Kompromiss gefunden werden [Schmoeckel 2000 a].

Das REM-Bild zeigt den lokalen Arbeitsbereich der Roboter genau von oben gesehen. Trotz der großen Schärfentiefe des REM-Bilds und der daher exzellenten Abbildung von dreidimensionalen Strukturen reicht es für das Ausführen von Mikromanipulationen meistens nicht aus. Das Abschätzen der Höhe eines Objektes allein aus dem REM-Bild ist sehr schwierig. Dies gilt vor allem für Sekundärelektronenbilder. In Rückstreuelektronenbildern kann hingegen der in Abschnitt 4.2 erläuterte Schattenwurf recht gut Informationen über die Höhe vermitteln. Problematisch im RE-Modus ist jedoch die geringe Signalqualität. In der Teleoperation (Abschnitt 6.4) der Roboter wurde mit beiden REM-Modi experimentiert. Abbildung 17 zeigt den Vergleich in einer Szene, bei der mit einem Greifer ein Mikrozahnrad (ca. ⌀ 0,5 mm) gegriffen werden sollte. Trotz der schlechten Bildqualität des RE-Bilds im Echtzeitbetrieb erwies sich der Schattenwurf des Greifers zum Abschätzen seiner Höhe als hilfreich. In der vorliegenden Arbeit wurde die Nutzung des RE-Bildes jedoch nicht weiter verfolgt, weil dieser Modus hinsichtlich einer automatischen Bildauswertung zu problematisch ist und eine schattenbasierte Höhenbestimmung nicht sonderlich erfolgversprechend erscheint. Eine grundlegende Analyse der Möglichkeiten zur Auswertung von REM-Bildern wird in Abschnitt 7.4 durchgeführt.

---

[5] die Blende der letzten (untersten) Magnetlinse der Elektronenoptik

34 Entwicklung eines Zweirobotersystems für die Integration im REM

Abbildung 17: Vergleich von RE-Bild (links) und SE-Bild (rechts) bei langsamer Abtastung (oben) und im Echtzeitbetrieb (unten).

Hinsichtlich der Höhenschätzung allein aus dem REM-Bild erwies sich eine zugunsten der Signalqualität vergrößerte Blende während der Teleoperation als hilfreich. Gerade weil dies die Schärfentiefe herabsetzt, kann die Höhe eines Objekts über der fokussierten Ebene aufgrund seiner leichten Unschärfe geschätzt werden, siehe Abbildung 31 auf Seite 62.

Tabelle 1 gibt eine Übersicht über exemplarische Einstellungen des REMs, die abhängig von der eingesetzten Elektronenquelle für den Echtzeitbetrieb gewählt wurden. Beschleunigungsspannung und Arbeitsabstand wirken sich nicht unmittelbar auf die Echtzeitfähigkeit aus und können je nach Anwendungsfall variieren (z.B. abhängig von Vergrößerung und Probenmaterial).

	Wolframkathode	LaB$_6$-Kathode
Bildmodus	Sekundärelektronen	Sekundärelektronen
Bildgröße	256 × 256 Punkte	256 × 256 Punkte oder größer
Integrationszeit	1,6 µs pro Bildpunkt	0,8 µs pro Bildpunkt
Brennfleck	200–500 nm	100–200 nm
Blende der letzten Linse	400 µm	200 µm (Standard)
Beschleunigungsspannung	10 kV	10 kV
Arbeitsabstand	10–25 mm	10–25 mm

Tabelle 1: Parameter des REMs (Philips SEM 525-M) für den Echtzeitbetrieb. Man beachte, dass die Werte Zielkonflikten unterliegen. Vergrößert man die Integrationszeit, muss für eine ausreichende Bildwiederholfrequenz z.B. die Bildgröße verringert werden.

5.3.2 Vakuum- und REM-Tauglichkeit

In der Probenkammer des REMs wird ein Hochvakuum zum Betrieb benötigt. Die Öldiffusionspumpe des REMs sorgt für ein Vakuum von mindestens 10^{-2} Pa. Die Richtlinien, die bei der Entwicklung von Vakuumsystemen – und somit für alle in der Probenkammer eingesetzten Teile – beachtet werden müssen, werden z.B. in [Hucknall 1991], Kapitel 6, zusammengefasst. Sie umfassen die Wahl geeigneter Werkstoffe, die Fertigung, die Reinigung und das Design von Vakuumteilen. Generell geht es darum, eine Störung des Vakuums zu verhindern. Für die Werkstoffe heißt das, sie sollten frei von Rissen und Poren sein, sowie einen – zumindest bei Betriebstemperatur – niedrigen Gasdruck haben. Gase, die vom Material während der Herstellung oder auch beim Belüften der Kammer aus der Umgebungsluft aufgenommen werden, können sich bei niedrigem Druck wieder verflüchtigen. Beachtet man die in [Hucknall 1991] beschriebenen Regeln, kann dieser als *Ausgasen* bezeichnete Prozess minimiert werden. Außerdem muss bei der Konstruktion der Teile unbedingt darauf geachtet werden, dass eingeschlossene Volumina vermieden werden, die vor allem an Verbindungsstellen leicht entstehen. Die darin enthaltene Luft entweicht beim Evakuieren der Probenkammer nur sehr langsam, was die Abpumpzeit extrem in die Länge ziehen kann. Lassen sich Hohlräume in den Bauteilen konstruktiv nicht vermeiden, müssen zumindest Entlüftungsbohrungen vorgesehen werden.

Über die Vakuumtauglichkeit hinaus müssen die Teile des Robotersystems auch kompatibel zur Elektronenoptik sein. Elektromagnetische Felder können den Elektronenstrahl ablenken. Dies führt je nach Frequenz und Stärke zur Verzerrung bis hin zur gänzlichen Störung des REM-Bilds. Daher sollten die verwendeten Werkstoffe nicht magnetisierbar sein. Elektrische Felder, die von stromführenden Leitungen oder von den Roboterantrieben ausgehen, sollten so weit wie möglich abgeschirmt werden. Die Oberflächen zumindest der in der direkten Umgebung des Elektronenstrahls (wenige Zentimeter) eingesetzten Teile müssen elektrisch leitend und geerdet sein. Andernfalls können durch den Elektronenstrahl aufgebrachte Ladungen nicht abfließen. Dadurch entstehen lokal hohe

Spannungen, deren Felder wiederum den Elektronenstrahl ablenken. Müssen hier trotzdem Nichtleiter eingesetzt werden, können sie durch eine Goldbedampfung mit einer leitfähigen Oberfläche versehen werden. Der umgekehrte Einfluss, eine materialschädigende Wirkung des Elektronenstrahls, spielt nur eine untergeordnete Rolle[6].

Die metallischen Teile des entwickelten Robotersystems sind vorwiegend aus Aluminium gefertigt, welches nichtmagnetisch ist und aufgrund seiner mechanischen und chemischen Eigenschaften sehr häufig in der Vakuumtechnik eingesetzt wird. Für Bauteile, bei denen besonders gute mechanische Eigenschaften benötigt werden, bietet sich Titan als Werkstoff an.

Für die elektrischen Verbindungen in der Vakuumkammer wurden konventionelle Kabel und Platinen verwendet, die das Vakuum nicht merklich stören. Stromführende Komponenten, die in der Nähe des Elektronenstrahls eingesetzt werden, sollten abgeschirmt sein.

5.3.3 Komponenten am REM

Die mobilen Mikroroboter benötigen zum Betrieb zunächst eine Unterlage an ihrem Einsatzort, auf der sie sich bewegen können. Diese Arbeitsplattform, die vorzugsweise auf dem Probentisch der Vakuumkammer montiert wird, muss gewissen Anforderungen genügen. Da das Slip-Stick-Bewegungsprinzip der Roboter Vibrationen auslöst, sollte sie nicht ins Schwingen geraten. Ihre Eigenfrequenz sollte durch Wahl einer großen Masse entsprechend klein gehalten werden. Auf einem dünnen Blech beispielsweise bewegen sich die Roboter nur sehr schlecht. Das Gewicht der Platte darf jedoch wiederum nicht zu groß sein, damit es die zulässige Tragfähigkeit des Probentischs nicht übersteigt. Das Bewegungsprinzip setzt weiterhin eine glatte Oberfläche voraus, die so präzise wie möglich horizontal ausgerichtet ist. Die Oberfläche sollte ausreichend hart sein, damit sie ihre Eigenschaften über längere Zeit beibehält. Andernfalls hinterlassen z.B. die Beinchen der Roboter Spuren, in denen sie später leicht hängen bleiben. Die Auswirkungen verschiedener Rauheiten und Materialien auf die Bewegungen der Roboter wurden qualitativ verglichen. Danach scheinen auch allzu glatte Oberflächen wie Glas oder polierter Stahl für einige Roboterprototypen von Nachteil zu sein. Als Arbeitsplattform wurde schließlich eine gehärtete und geläppte, 240 × 150 mm² große Edelstahlplatte mit einer Rautiefe von $R_Z = 0,5$ µm gewählt [Schmoeckel 2000 a]. Als Halterung für die Arbeitsplattform wurde ein Aluminiumrahmen auf dem Probentisch des REMs montiert, in den die Platte eingelegt wird. So ist sie leicht auswechselbar, und der Rahmen dient zusätzlich als „Reling", die die Roboter davor schützt, herunter zu fallen.

Die Roboter benötigen zahlreiche elektrische Verbindungen. Diese werden mit Hilfe von speziellen, von der Firma Kammrath & Weiss GmbH hergestellten Flanschen durch die

---

[6] Bei sehr starker Strahlung können dünne organische Filme oder Fasern durch die Folgen von Ionisierung oder Temperaturerhöhung geschädigt werden.

5.3 Voraussetzungen für den Mikrorobotereinsatz im REM

Wand der Vakuumkammer hindurch geführt. Ein weiterer Flansch ist mit einem Bleiglasfenster ausgestattet und ermöglicht so einer außen angebrachten CCD-Kamera (Sony XC-75CE) den Blick in die Vakuumkammer. Damit sie für die globale Positionsbestimmung der Roboter genutzt werden kann, wurden Ort, Ausrichtung und Objektiv der Kamera so gewählt, dass nahezu der gesamte Arbeitsraum der Roboter erfasst wird. Zur Beleuchtung der Probenkammer dienen mehrere Infrarot-LEDs. Sichtbares Licht würde den Elektronendetektor des REMs stören[7].

Normalerweise werden REM-Proben durch (leitfähigen) Klebstoff auf dem Probenteller gehalten. Dies ist natürlich nicht sinnvoll, wenn es sich um Objekte handelt, die von den Mikrorobotern bewegt werden sollen. Um zu verhindern, dass solche losen Mikroobjekte während des Entlüftens der Vakuumkammer vom Probenteller geblasen werden, wurde ein zusätzliches Drosselventil in das Vakuumsystem eingebaut.

Abbildung 18 gibt einen Überblick über die zusätzlichen Komponenten der Vakuumkammer.

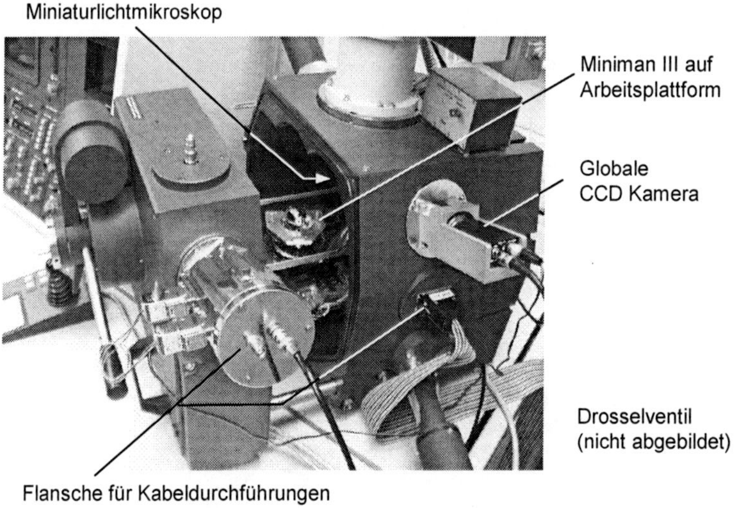

Abbildung 18: Geöffnete Probenkammer des REMs mit den für das Robotersystem notwendigen Erweiterungen.

---

[7] Die in einem Everhart–Thornley Detektor aus den zu registrierenden Elektronen erzeugten Lichtquanten werden von anderen Lichtquellen im REM überstrahlt, vgl. Abschnitt 4.2.

Für eine zusätzliche mikroskopische Perspektive von der Seite wurde ein sehr kleines, im Innern der Vakuumkammer montiertes Lichtmikroskop entwickelt [Schmoeckel 2000 a], [Miniman 2002]. Um von Nutzen zu sein, sollte solch ein Miniaturmikroskop eine hohe Auflösung und Lichtempfindlichkeit bieten. Außerdem muss es auf den Arbeitsbereich genau ausgerichtet und fokussiert werden können. Das CAD-Modell eines Ausschnitts der Probenkammer ist in Abbildung 19 zu sehen. Das Miniaturmikroskop besteht aus einer CCD-Kamera und einem kleinen Objektiv der Firma Ing.-Büro Klaus Eckerl, Hutthurm, das für den zur Verfügung stehenden Bauraum und die verwendete Kamera angepasst wurde. Letztere ist eine Watec WAT-902H mit einer Auflösung von 752 × 582 Pixeln und einer Empfindlichkeit von 0.0003 Lux. Es wurden zwei verschieden lange Adapterstücke konstruiert, die zwischen Kamera und Objektiv gesetzt werden. Mit ihnen lässt sich die Vergrößerung des Mikroskops grob einstellen. Die Kamera ist mit einem Kugelgelenk am Detektorhaltering der Probenkammer montiert. Das klemmbare Gelenk gestattet es, das Miniaturmikroskop genau auf den Sichtbereich des REMs einzustellen. Die Fokussierung geschieht durch Drehen des Objektivs. Auf eine motorisierte Fokussierung musste aus Platz- und Kostengründen verzichtet werden.

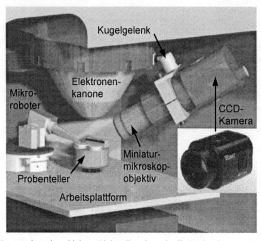

Abbildung 19: Integration eines kleinen Lichtmikroskops in die Probenkammer.

5.3.4 Rechnerhardware

Die Funktionen heutiger Rasterelektronenmikroskope werden vollständig von PCs gesteuert. Die rasterförmige Ablenkung des Elektronenstrahls durch die Elektronenlinsen wird digital vorgegeben. Dadurch können die REM-Bilder direkt Punkt für Punkt und mit beliebiger Integrationszeit akquiriert werden. Sie liegen dann sofort für die Darstellung am Rechnerbildschirm und die digitale Weiterverarbeitung vor. Um die Elektronik des in dieser Arbeit verwendeten älteren REMs auf diesen Stand zu bringen, wurde es durch ein Bildaufnahmesystem der Firma Point Electronic GmbH, Halle, nachgerüstet. Mit Hilfe dieses Systems wird der Elektronenstrahl über die USB-Schnittstelle eines PCs gesteuert. Gleichzeitig werden digitale Bilder aus den Detektorsignalen erzeugt. Die für die digitale Bildakquisition relevanten Abtast-Parameter wie Integrationszeit, Bildgröße und -ausschnitt können vom PC aus eingestellt werden. Andere Einstellungen wie Beschleunigungsspannung, Brennfleck und Fokus des Elektronenstrahls sowie die generelle Vergrößerung werden an der Elektronik des REMs vorgenommen. Mit dieser Erweiterung des REMs sind nun digitale REM-Bilder schnell und in hoher Qualität verfügbar[8].

5.4 Realisierung der Roboter

Im Laufe der Entwicklung des Zweirobotersystems im REM wurden die mobilen Mikroroboter stetig weiterentwickelt. Mehrere Prototypen entstanden im Rahmen des schon erwähnten EU-Projekts MINIMAN [Miniman 2002]. Aufbauend auf den Erfahrungen mit den älteren Robotern MINIMAN I und II wurde dabei besonders auf Modularität und REM-Tauglichkeit geachtet. Zwar waren diese ersten Roboter der MINIMAN-Reihe schon recht klein, jedoch auch außerordentlich schwer zu warten. Außerdem eigneten sich die integrierten Werkzeuge noch kaum für reale Mikromanipulationsaufgaben. In den nächsten Abschnitten werden die Folgeversionen – vom Typ MINIMAN III bzw. IV – beschrieben.

Der prinzipielle Aufbau der MINIMAN-Roboter ist gleich. Sie bestehen jeweils aus einer mobilen Plattform, die eine Manipulationseinheit mit einem Mikrogreifer trägt. Die mobile Plattform wird wie in Abschnitt 4.1.1 beschrieben von drei Piezobeinchen angetrieben. Da jede der vier Elektroden eines Piezoelements einzeln angesteuert werden kann, lassen sich die Beinchen unabhängig von einander in beliebige Richtungen biegen[9]. Die drei Freiheitsgrade der mobilen Plattform sind daher ebenfalls unabhängig, die Roboter sind also holonom. Dies bietet entscheidende Vorteile sowohl bei der Teleoperation als auch bei der Automation, da kein Rangieren notwendig ist, um eine bestimmte Position und Orientierung anzufahren. Voraussetzung hierfür ist, dass jede Beinchenelektrode individuell verkabelt wird. Je nach Robotertyp sind bis zu 40 elektrische Verbindungen zwischen dem Roboter und dem Rechnersystem notwendig. Bei älteren Mikroroboterprototypen wurden diese Verbindungskabel durch Bündel von Ø 0,1 mm Kupferlackdrähten realisiert, die ausreichend flexibel sind, um die Slip-Stick-Bewegung der Roboter nicht allzu sehr zu beeinträchtigen. Problematisch ist jedoch vor allem ihre geringe Biegewechselfestigkeit, die an den Lötstellen der Stecker sehr oft zu Brüchen

---

[8] Will man diese Bilder in Echtzeit weiterverarbeiten, ist man auf die Kooperation des Herstellers der REM-Software angewiesen, da hierfür Eingriffe in dessen Treiberprogramme notwendig sind. Handelsübliche Rasterelektronenmikroskope bieten hierfür keine Standardschnittstellen.

[9] Einzelheiten über die Ansteuerung der Roboter werden in Abschnitt 6.2 behandelt.

führt. Bei der Weiterentwicklung der Roboter wurden die Verbindungskabel durch flexible Platinen ersetzt. Ihre verstärkten Enden lassen sich fest an die Stecker löten, und, entsprechend über dem Arbeitsraum der Roboter aufgehängt, bieten sie der Roboterbewegung aufgrund ihrer geringen Biege- und Torsionssteifigkeit sehr wenig Widerstand. Ein limitierender Faktor bei der Miniaturisierung der Roboter bleibt die Größe der Steckverbindungen der Kabel.

Um die Flexibilität und Wartbarkeit des Systems zu optimieren, wurde bei der Verkabelung der unterschiedlichen Roboter eine größtmögliche Kompatibilität der Komponenten durch spezielle Adapterplatinen erzielt. Diese stellen die durch die Module des Parallelrechnersystems individuell für jeden Roboter generierten Signale zusammen, so dass sie über einheitliche Kabel zu den Robotern geführt werden können.

5.4.1 MINIMAN-III-Roboter

Inzwischen wurden drei Roboter vom Typ MINIMAN III gebaut. Abbildung 20 zeigt den älteren (MINIMAN III-1, oben) sowie einen der beiden neueren Prototypen (MINIMAN III-2, unten). Letztere sind etwas kompakter konstruiert. Außerdem wurde bei ihnen die Verteilung der Signale auf der Roboterplattform durch eine Platine realisiert. Wie bei ihren Vorgängern ist das Mikrowerkzeug der MINIMAN-III-Roboter in eine Kugel integriert[10], die wie die Roboterplattform piezoelektrisch bewegt wird. Sie wird dazu von drei in der Plattform montierten Piezobeinchen gestützt, die, wenn sie über die Kugeloberfläche „laufen", die Kugel rotieren lassen. Damit lässt sich das Mikrowerkzeug mit drei weiteren Freiheitsgraden positionieren, wobei die Hochachse des Manipulators redundant zum rotatorischen Freiheitsgrad der Roboterplattform ist [Schmoeckel 2000 a]. Dieses Prinzip des Kugelgelenks hat den Vorteil eines sehr einfachen Aufbaus, auch zugunsten eines schnellen Werkzeugwechsels. Gleichzeitig ist die Präzision vergleichbar mit der der Plattformbewegung, wobei die Bewegungsauflösung am Endeffektor um das Verhältnis

$$\frac{Werkzeuglänge + Kugelradius}{Kugelradius} \qquad (5.1)$$

größer ist. Nachteilig ist die komplexere Ansteuerung (siehe Abschnitt 6.2.3) und diffizile Positionsbestimmung (Kapitel 7).

Da das Piezobewegungsprinzip nur sehr kleine Kräfte übertragen kann, muss die Kugel genau austariert werden. Dies geschieht mit Hilfe eines Gegengewichts zum Mikrowerkzeug, in dem auch zwei Infrarot-LEDs zur globalen Positionsbestimmung sowie eine Steckverbindung zum elektrischen Anschluss des Manipulators an die Roboterplattform integriert sind (siehe auch Abbildung 22, Seite 43). Für die Oberfläche der Kugel gilt

---

[10] Bei MINIMAN I und II wurden die Kugeln durch Permanentmagnete von unten an der Roboterplattform gehalten. Diese Variante des Kugelprinzips hat weder besondere Vorteile noch ist sie REM-tauglich. Daher wurde sie nicht weiter verfolgt.

prinzipiell das gleiche wie für die Arbeitsplattform, auf der die Roboter laufen. Sie sollte glatt und gehärtet sein. Daher wurde zunächst eine Kugellagerkugel eingesetzt, in die die Bohrung zur Aufnahme des Mikrowerkzeugs hinein erodiert werden musste. Wegen der besseren Bearbeitbarkeit wurden später auch polierte Aluminiumkugeln benutzt. Ihre Oberflächen zerkratzten aufgrund ihres geringen Gewichts bisher nicht so schnell wie befürchtet, so dass ein Nachpolieren sehr selten notwendig sein dürfte.

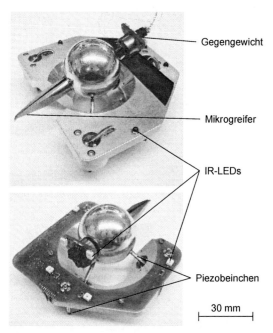

Abbildung 20: Zwei Exemplare vom Typ MINIMAN III.

5.4.2 MINIMAN-IV-Roboter

Im Zuge der fortschreitenden Miniaturisierung wurde MINIMAN IV entwickelt. Seine Positionierungseinheit besteht wie bei den MINIMAN-III-Robotern aus drei Piezobeinchen für die Slip-Stick-Bewegung, konnte jedoch erheblich kleiner konstruiert werden (∅ 50 mm, Abbildung 21). Sein Mikrogreifer wird durch einen Mikrolinearantrieb der Firma Kammrath&Weiss in vertikaler (z-)Richtung bewegt, der einen Hub von ca. 10 mm bei einer Bewegungsauflösung von ca. 0,5 µm besitzt. Dieser Linearantrieb wurde direkt in die Roboterplattform integriert. Wie MINIMAN III-2 wird MINIMAN IV über eine flexible Platine an das Steuersystem angeschlossen, und die Verbindungen auf dem Roboter sind durch eine Leiterplatte realisiert, die auch die Infrarot-LEDs trägt. Der z-

Trieb wird durch einen Miniaturschrittmotor angesteuert. Gegenüber dem MINIMAN-III-Kugelmanipulator hat er den Vorteil, dass der Greifer recht einfach und genau in z-Richtung linear bewegt werden kann. Bei MINIMAN III muss gegebenenfalls die kreisförmige Bahn des Greifers beim Auf- und Abbewegen durch Vor- und Rückwärtsfahren der Roboterplattform ausgeglichen werden. Allerdings fehlt dem MINIMAN-IV-Manipulator der rotatorische Freiheitsgrad um die Greiferlängsachse.

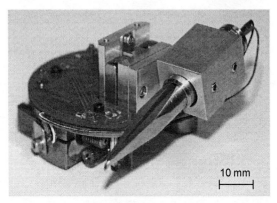

Abbildung 21: MINIMAN IV mit linearem z-Trieb.

5.4.3 Mikrogreifer

Von der Firma Kammrath & Weiss speziell für Mikrohandhabungsaufgaben im REM entwickelte Greifer dienen den MINIMAN-Robotern als austauschbare Werkzeuge. Abbildung 22 zeigt drei dieser piezoelektrisch angetriebenen Mikrogreifer und eine Manipulatorkugel, in deren Bohrung ein Greifer geklemmt werden kann. Da die Greifer während der Arbeit selbstverständlich ins Sichtfeld des REM-Bilds hineinragen, ist hier die Vermeidung von Magnetismus und elektrischer Aufladung besonders wichtig. Da für das Arbeitsprinzip der Greifer gute mechanische Eigenschaften benötigt werden, wird als Werkstoff vorzugsweise Titan gewählt. Ferner sind die Greifer – wie auch die Roboterplattformen – zur Erdung über die Versorgungsleitungen an die REM-Masse, also die Probenkammerwand angeschlossen.

Der Greifmechanismus ist asymmetrisch. Nur eine Greiferbacke wird piezoelektrisch bewegt, während die andere ruht. Somit existiert nur ein Freiheitsgrad für die Greifoperation anstatt zwei, die synchronisiert werden müssten. Dies hat entsprechende Vorteile bei der Mikrohandhabung: Man bringt eine Greiferbacke schon in Kontakt mit dem zu greifenden Objekt und schließt anschließend vorsichtig den Greifer (vgl. Abschnitt 6.4).

5.4 Realisierung der Roboter 43

Möchte man Mikroobjekte von wenigen Mikrometern Größe greifen, dürfen die Kantenradien der Greiferspitzen höchstens einen Mikrometer betragen, besser noch weniger. Diese Anforderung liegt an der Grenze des mit konventionellen feinwerktechnischen Bearbeitungsmethoden Möglichen. Beim Design der Greiferspitzen wurde mit verschiedenen Geometrien experimentiert, die zum Teil durch Funkenerosion oder durch manuelles Anschleifen erzeugt wurden. Wichtig ist vor allem, dass die vorderste im REM-Bild (also senkrecht von oben) sichtbare Spitze zugleich der tiefstgelegene Punkt des Greifers ist, an dem das Aufheben eines Mikroobjekts somit auch möglich ist. In Abschnitt 6.4 (Seite 62 ff.) zeigen einige REM-Bilder starke Vergrößerungen der Greiferspitzen.

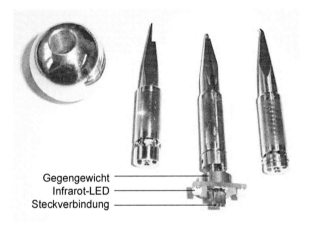

Abbildung 22: MINIMAN-III-Manipulatorkugel und drei REM-Mikrogreifer mit unterschiedlich geformten Spitzen.

Für die Ansteuerung der Greiferaktuatoren kann die gleiche Elektronik (Signalgeneratoren und Verstärker) wie für die Roboterbeinchen benutzt werden. Im Arbeitsbereich zwischen 0 und 110 V erreichen die Mikrogreifer einen Hub von ca. 100 µm. Größere Partikel können gegriffen werden, wenn man zuvor die Greiferspanne über eine Stellschraube vergrößert. Alternativ wechselt man den gesamten Greifer aus. Abbildung 23 zeigt zwei weitere, im Rahmen des MINIMAN-Projekts entwickelte Mikrowerkzeuge [Miniman 2002], [Menciassi 2001], [Wörn 2001].

Abbildung 23: Weitere Mikrowerkzeuge des MINIMAN-Systems: mit Kraftsensoren ausgestatteter Spezialgreifer für 2 mm große Mikrolinsen (links, Roboterkugel im Hintergrund), Mikropipette zum Handhaben einzelner biologischer Zellen unter dem Lichtmikroskop (rechts).

5.5 Ergebnisse und Diskussion

Das vorgestellte System ermöglicht nun die Handhabung von mikroskopischen Objekten im REM mit ein oder zwei mobilen Mikrorobotern. Werden zwei Roboter vom MINI-MAN-III-Typ eingesetzt, stehen zusammen mit dem Probentisch[11], auf dem die Roboter agieren, insgesamt 13 Freiheitsgrade zur Verfügung, mit denen die beiden Mikrogreifer und die Objekte auf dem Probenteller bewegt werden können. Ein großer Vorteil der mobilen Mikroroboter liegt in ihrem geringen Platzbedarf in der Vakuumkammer und in der kleinen Anzahl von zusätzlichen Komponenten, die spezifisch an das REM angepasst werden müssen.

Durch die Modularität des Steuerungssystems können die Roboter einfach ausgetauscht werden. Wird beispielsweise für eine bestimmte Handhabungsaufgabe die zusätzliche Drehachse der MINIMAN-III-Manipulatorkugel nicht benötigt, kann der kleinere MINI-MAN IV mit seinem linearen Manipulatorantrieb eingesetzt werden.

Was die REM-Tauglichkeit betrifft, arbeiten die vorgestellten Mikroroboter mehr als zufriedenstellend. Ihre Einsatzmöglichkeiten im vielversprechenden Gebiet der ESEMs (*Environmental Scanning Electron Microscopes*, siehe Seite 4) müssen jedoch noch untersucht werden, da Inkompatibilitäten der hohen Spannungen mit dem niedrigeren Vakuum nicht ausgeschlossen sind. Gegebenenfalls wären Anpassungen an der Piezoansteuerung notwendig.

Das Bewegungsprinzip der mobilen Mikroroboter ermöglicht die Handhabung von sehr unterschiedlich großen Objekten. Grundsätzlich erlaubt es, wenige Mikrometer große Objekte ebenso präzise zu greifen wie eintausendmal größere. In der Praxis sind jedoch die verfügbaren Mikrogreifer der limitierende Faktor. Wie im nächsten Kapitel gezeigt wird, ist mit den konventionell feinwerktechnisch gefertigten Mikrogreifern die Handha-

---

[11] Der eingesetzte motorisierte Probentisch kann die Arbeitsplattform, auf der die Roboter stehen, in x- und y-Richtung bewegen. Zusätzlich steht eine rotatorische Achse für die Drehung der Probenträger um die Hochachse zur Verfügung, vgl. Abbildung 30 (Seite 61).

bung von Objekten im 10-Mikrometer-Bereich noch recht gut zu bewerkstelligen. In den Bereich noch kleinerer Objekte kann man dann nur noch mit mikrotechnisch hergestellten Mikrogreifern vorstoßen. Bei ihrer Entwicklung wird insbesondere die Schnittstelle zum (noch) makroskopischen Roboter eine gewisse Herausforderung darstellen.

Für die Zukunft ist eine weitere Verkleinerung der Mikroroboter sehr wünschenswert. Mit einer größeren Anzahl von kleineren Robotern könnte man sich weiter der Mikrowelt annähern und die Manipulationsmöglichkeiten durch die zusätzlichen Freiheitsgrade deutlich ausbauen. Da aber schon bei der momentanen Größe und Anzahl die Verkabelung der Roboter nicht unerhebliche Probleme bereitet, ist die Entwicklung von kabellosen Mikrorobotern wichtig.

6 Entwicklung der Steuerung und Teleoperation der Mikroroboter

6.1 Anforderungen

Bisher wurde die Hardware der Roboter und die für ihren Einsatz im REM nötigen Entwicklungsarbeiten vorgestellt. Ein Ziel dieser Arbeit ist die Realisierung einer benutzerfreundlichen Teleoperation des Systems, die es ermöglicht, die Roboter bequem in allen Freiheitsgraden[12] zu steuern. Darüber hinaus ist es wünschenswert, dass die Freiheitsgrade simultan und unabhängig voneinander, also holonom angesteuert werden können. Abbildung 24 zeigt die sechs Freiheitsgrade eines MINIMAN-III-Roboters, die durch die jeweils drei (gedachten) Achsen der beiden Gelenke (Plattform und Kugel) veranschaulicht werden.

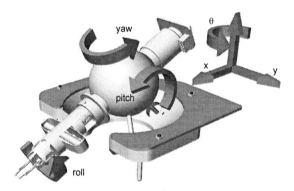

Abbildung 24: Die sechs Freiheitsgrade der Roboterplattform und der Manipulatorkugel eines MINIMAN-III-Roboters.

---

[12] *Freiheitsgrade* nennt man in einem (physikalischen) System die Variablen, die unabhängig voneinander vorgegeben werden können und müssen, um den augenblicklichen Zustand des Systems eindeutig festzulegen. Da für die Beschreibung der Konfiguration eines MINIMAN-III-Roboters sechs Werte vorgegeben werden müssen, besitzt er sechs Freiheitsgrade im *Konfigurationsraum*. Auf die räumliche Lage des Greifers wirken sich jedoch zwei dieser sechs Freiheitsgrade identisch aus (Hochachse von Plattform und Manipulator sind redundant). Daher kann der Greifer im *kartesischen Raum* nur mit maximal *fünf* Freiheitsgraden positioniert werden. (Für die Beschreibung der Öffnung des am Manipulator angebrachten Mikrogreifers muss zusätzlich ein siebter Freiheitsgrad eingeführt werden.)

Der piezoelektrische Slip-Stick-Antrieb der Roboter erlaubt die direkte Vorgabe einer Geschwindigkeit. Denn diese erreicht der Roboter aufgrund seiner hohen Dynamik praktisch verzögerungsfrei. Für die Bewegung des Werkzeugs eines MINIMAN III ist also ein Geschwindigkeitsvektor mit sechs Komponenten anzugeben:

$$\mathbf{v}_{Roboter} = \left(\dot{x}_{Plattform}, \dot{y}_{Plattform}, \dot{\theta}_{Plattform}, \omega_{roll}, \omega_{pitch}, \omega_{yaw}\right)^T \quad (6.1)$$

Dieser Geschwindigkeitsvektor bestimmt direkt die Änderung der Roboterkonfiguration. Er ist die Stellgröße, die sowohl von der Benutzerschnittstelle während der (ungeregelten) Teleoperation als auch von einem Regler bestimmt werden kann. Für die Teleoperation ist wichtig, dass der Benutzer diesen Geschwindigkeitsvektor möglichst intuitiv im kartesischen Raum vorgeben kann.

Das Steuerungssystem der Roboter gestattete bereits zu Beginn der in dieser Arbeit beschriebenen Entwicklung die unabhängige Ansteuerung eines jeden Roboterbeinchens, also die Vorgabe der Geschwindigkeiten und der Richtungen der Beinchenbewegungen [Richardt 1999]. Allerdings fehlte bislang die Berechnung dieser Beinchen-Bewegungsvektoren in Abhängigkeit beliebiger Geschwindigkeitsvektoren. Dies ist jedoch Voraussetzung einer effizienten Regelung und Teleoperation für holonome Bewegungen. Zum Vergleich erlaubte die von [Santa 1998] eingeführte einfachere Ansteuerung eine Regelung der Plattformbewegung nur während Geradeausfahrten. Dabei wurde die Orientierung der Roboterplattform durch Variation der Geschwindigkeit eines einzelnen Beinchens korrigiert, während die zwei anderen Beinchen mit konstanter Geschwindigkeit geradeaus liefen. Dieses Prinzip reicht spätestens für die komplexe Ansteuerung des Kugelmanipulators nicht mehr aus. Als Bindeglied zwischen dem Steuerungssystem und der gewünschten Geschwindigkeitsvorgabe für die Roboterfreiheitsgrade müssen daher Softwaremodule entwickelt werden, mit denen die folgenden Anforderungen an die gesamte **Robotersteuerung** erfüllt werden:

- Aus beliebigen Geschwindigkeitsvektoren müssen die Bewegungsvektoren der Roboterbeinchen so bestimmt werden, dass der Roboter möglichst exakt dem gegebenen Geschwindigkeitsvektor folgt.

- Eine flexible Softwarestruktur muss die einfache Anpassbarkeit an verschiedene Mikrorobotertypen und an die genauen Abmessungen einzelner Mikroroboterexemplare gewährleisten. Sie ist in die Softwarearchitektur des Gesamtsystems zu integrieren.

An die **Benutzerschnittstelle** werden darüber hinaus die folgenden Anforderungen gestellt:

- Es sollten möglichst viele Freiheitsgrade gleichzeitig angesteuert werden können; denn beispielsweise für die Feinpositionierung des Greifers eines MINIMAN-III-Roboters ist es wichtig, dass der Benutzer beim Bewegen des Kugelmanipulators in z-Richtung Ausgleichsbewegungen der Plattform in x-Richtung veranlassen kann. Darüber hinaus sind die drei Freiheitsgrade einer Einheit (Plattform oder Kugel) immer gekoppelt. Ungenauigkeiten des Bewegungsprinzips müssen daher ständig durch kleine Bewegungen aller Achsen ausgeglichen werden.

- Trotz des vorhergehenden Punktes muss das Eingabegerät intuitiv bedienbar sein, so dass kein langwieriges Training für den Benutzer notwendig ist.

- Die Empfindlichkeit des Eingabegeräts muss schnell an verschieden große Arbeitsbereiche anpassbar sein, damit die Roboter sowohl im Zentimeterbereich als auch im (Sub-) Mikrometerbereich präzise gesteuert werden können.

- Eine übersichtliche grafische Benutzungsoberfläche, mit der auf alle Funktionen des Systems und alle Sensorinformationen zugegriffen werden kann, ist selbstverständlich.

Diese Anforderungen an die Benutzerschnittstelle sind speziell darauf zugeschnitten, eine elementare und direkte Teleoperation *mobiler* Mikroroboter zu ermöglichen. Zusätzliche Funktionen einer Benutzerschnittstelle wie die Rückkopplung von Kräften und anderen Sensorsignalen, etwa mittels Konzepten der so genannten „Erweiterten Realität", oder der Einsatz intelligenter teilautonomer Systeme sind wünschenswert, liegen jedoch außerhalb der Zielstellungen der vorliegenden Arbeit. Diese Aspekte der Teleoperation setzen ausgereifte Sensorsysteme voraus und sind heute Gegenstand vieler Forschungsprojekte, in denen vor allem mit konventionellen, stationären Robotern gearbeitet wird.

6.2 Ansteuerung der Roboter

Für die Ansteuerung der Roboter werden zur gegebenen Robotergeschwindigkeit die Ansteuerungsparameter für jedes Bein der Plattform und der Kugel gesucht. Diese Parameter sind im Falle der Slip-Stick-Bewegung Frequenz, Amplitude und Richtung der Beinchenschwingung (vgl. Abbildung 11, Seite 20). Dabei bedingt die Ansteuerelektronik, dass für alle drei Beinchen einer Robotereinheit (also Plattform oder Manipulator) die selbe Frequenz gewählt werden muss ([Seyfried 2003], Abschnitt 5.2.1). Relative Geschwindigkeitsunterschiede zwischen den Beinchen werden über die Amplituden der Beinchenschwingungen bestimmt. Im Scan-Modus, also der langsamen Verlagerung des Roboters ohne Durchrutschen der Beinchen, wird die an den Beinchenelektroden anliegende Spannung entsprechend der vorgegebenen Geschwindigkeit schnell oder langsam verändert.

Der Zusammenhang zwischen dem Spannungsverlauf der Ansteuersignale und der resultierenden Beinchen- und Roboterbewegung wird durch ein komplexes Differenzialgleichungssystem bestimmt, auf das in Abschnitt 8.1.3 (Seite 97) näher eingegangen wird. Zunächst ist es für die ungeregelte Teleoperation jedoch nicht notwendig, die Roboterbewegung exakt zu modellieren. In guter Näherung kann für die Berechnung der Ansteuerparameter davon ausgegangen werden, dass sich für jede Frequenz und Amplitude eines Beinchens stets eine bestimmte Bahngeschwindigkeit des Roboters an der Position des Beinchens einstellt. Dieser Zusammenhang wird experimentell ermittelt und kann etwa in einer Geschwindigkeitstabelle gespeichert werden[13]. Für die vorgegebene Robotergeschwindigkeit $v_{Roboter}$ können die Bewegungsvektoren $v_i = (v_{xi}, v_{yi})^T$ der einzelnen Plattform- und Kugelbeinchen i folglich geometrisch bestimmt werden. Dabei wird $v_{Roboter}$ im bewegten Roboterkoordinatensystem angegeben. Das heißt, $\dot{x}_{Plattform}$ (vgl. Formel (6.1)) gibt die Bewegung nach vorne an, während $\dot{y}_{Plattform}$ Seitwärtsbewegungen bestimmt. Wird die Robotergeschwindigkeit im ruhenden Bezugssystem angegeben – etwa durch einen Bahnplaner –, ändern sich die Bewegungsvektoren v_i im Roboterkoordinatensystem bei gleichzeitiger Drehung der Plattform fortlaufend. Für allgemeine Trajektorien müssen daher in diesem Fall die Interpolationsintervalle, in denen der Ansteuervektor konstant gehalten wird, hinreichend kurz gewählt werden, so dass der entstehende Fehler tolerierbar bleibt. Anders ausgedrückt, führt der Roboter bei konstantem Ansteuervektor (idealisiert) reine Translationen, reine Rotationen oder Bewegungen auf Kreisbahnen aus.

6.2.1 Implementierungsdetails

Im Sinne der Objektorientierung werden die Roboter durch Objekte repräsentiert, die die notwendigen Berechnungen durchführen und die entsprechenden roboterspezifischen Aktuatorbefehle über Kommunikationsmodule zu den hardwarenahen Komponenten senden (vgl. [Seyfried 2003][14]). Über die Schnittstellen der Oberklasse dieser Roboterobjekte können den Robotern Bewegungsbefehle in Form von Geschwindigkeitsvektoren gegeben werden. Diese sind weitgehend unabhängig vom Robotertyp; denn lediglich die Anzahl und Zuordnung der Freiheitsgrade – deren Bewegungen solch ein Vektor ja angibt – variiert. Hierdurch erhält man eine hohe Flexibilität, da Module wie Regelung und Teleoperation die Steuerbefehle allein im Konfigurationsraum eines Roboters – unabhängig von dessen Hardware – liefern können. Dieselben Geschwindigkeitsvektoren werden vom Kalman-Filter der Sensordatenfusion für die Vorhersage der Roboterzustände (Konfigurationen) verwendet, wenn als Systemmodell angenommen wird, dass sich die Roboterzustände mit den gegebenen Geschwindigkeiten verändern[15] (vgl. Abschnitt 8.1).

---

[13] In einem großen Geschwindigkeitsbereich ist der Zusammenhang sogar linear, so dass die Zuordnung prinzipiell auch durch Bestimmen der entsprechenden Koeffizienten erfolgen kann. Die Ansteuerelektronik des MINIMAN-Systems erfordert jedoch die Angabe eines 8-Bit Wertes für die Beinchenfrequenz. Der Zusammenhang zwischen diesem Frequenzparameter und der tatsächlichen Frequenz (in Hz) ist nur im unteren Geschwindigkeitsbereich linear. Bei höheren Geschwindigkeiten wurde ein quadratischer Zusammenhang gewählt, um einen größeren Geschwindigkeitsbereich abzudecken.

[14] Dort wird sowohl die unterste Ebene der Robotersteuerung, nämlich die Signalerzeugung für die Ansteuerung der Piezoaktuatoren, als auch die höchste Ebene, die Mikromontageplanung, entwickelt.

[15] Genau dies sollte natürlich von der Beinchenansteuerung sichergestellt werden. Wie jedoch bereits erwähnt, stellen die im Folgenden vorgestellten Berechnungen eine Näherungslösung dar.

Die benötigten Geometriedaten der Roboter, wie etwa die Positionen der Beinchen, werden vorzugsweise in Form von *Frames* gespeichert (siehe kinematische Modellierung, Abschnitt 4.3.4). Mit Hilfe derer Transformationsmatrizen können die Koordinatentransformationen für die im Folgenden beschriebenen Berechnungen komfortabel und flexibel durchgeführt werden.

Auf die Implementierung der grafischen Benutzerschnittstelle, die sich an heutigen Standards orientiert, soll hier nicht näher eingegangen werden. Erläuterungen sind in [Miniman 2002] zu finden.

6.2.2 Bewegung der Roboterplattform

Um die Berechnung der Bewegungsvektoren der Plattformbeinchen zu verdeutlichen, ist in Abbildung 25 als Beispiel die Überlagerung einer Translation nach schräg vorn mit einer Drehung um die Spitze des Robotergreifers (*Tool Center Point*, TCP) dargestellt.

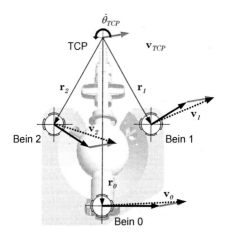

Abbildung 25: Berechnung der Bewegungsvektoren der Plattformbeinchen.

In diesem Beispiel ist die Plattformgeschwindigkeit gegeben durch die Translationsgeschwindigkeit $\mathbf{v}_{TCP} = (\dot{x}_{TCP}, \dot{y}_{TCP}, 0)^T$ am TCP, dargestellt als heller Pfeil, und die gewünschte Drehgeschwindigkeit $\dot{\boldsymbol{\theta}}_{TCP} = (0,0,\dot{\theta}_{TCP})^T$ um den TCP (schwarz). Die resultierenden Komponenten der Beinchenvektoren sind entsprechend dargestellt. Sie summieren sich zu den gestrichelten Geschwindigkeitsvektoren der Plattformbeinchen ($i = 0..2$)

$$\mathbf{v}_i = \mathbf{v}_{TCP} + \dot{\boldsymbol{\theta}}_{TCP} \times \mathbf{r}_i \,. \tag{6.2}$$

Dabei ist $\mathbf{r}_i$ der Vektor zwischen der Drehachse (hier: TCP) und Bein *i*. Die Berechnung der $\mathbf{r}_i$ geschieht über das kinematische Robotermodell:

$$\mathbf{r}_i = \mathbf{T}_{TCP \to Bein_i} \vec{\mathbf{o}} \qquad (6.3)$$

Die drei Freiheitsgrade des Plattform-Frames werden durch seine (x, y)-Position im übergeordneten Koordinatensystem, sowie durch seine Drehung θ um die Hochachse bestimmt. Als Ursprung und Drehachse dieses Plattformkoordinatensystems wird beim MINIMAN III der Kugelmittelpunkt gewählt, der identisch mit dem Zentrum zwischen den Plattformbeinchen ist. Umrechnungen des Geschwindigkeitsvektors von beliebigen Bezugspunkten (im Beispiel: TCP) in den Geschwindigkeitsvektor der Plattform $\mathbf{v}_{Plattform}$ werden ebenfalls mit Hilfe des kinematischen Robotermodells durchgeführt.

Bei diesem Vorgehen wird die Geschwindigkeit des Roboters durch die Maximalgeschwindigkeit des am schnellsten bewegten Beinchens beschränkt, was bei automatisch geplanter und geregelter Bewegungen beachtet werden muss. Möchte man dies nicht schon in der Bahnplanung berücksichtigen, müssen die jeweils zulässigen Beträge des translatorischen und des rotatorischen Anteils des Ansteuervektors entsprechend reduziert (also z.B. beide halbiert) werden. Das hat jedoch zur Folge, dass der Roboter beispielsweise bei reinen Translationen nie mit der größtmöglichen Geschwindigkeit angesteuert wird. Während dies bei mikroskopisch kleinen und daher sehr langsamen Bewegungen im Rasterelektronenmikroskop keine Rolle spielt, kann dieses Problem für globale Bewegungen, die ja möglichst schnell ausgeführt werden sollten, dadurch umgangen werden, dass man sich auf (nacheinander auszuführende) reine Translationen und reine Rotationen beschränkt.

6.2.3 Bewegung des Kugelmanipulators

Zunächst muss für die kinematische Modellierung des Kugelmanipulators eine Winkelkonvention festgelegt werden. Für die Spezifikation von Gelenkwinkeln sind in der Robotik verschiedene Konventionen üblich, die meist von der Bauart des Roboters abhängen (ein bekanntes Beispiel sind *Eulerwinkel*). Diese Konventionen sind in [DIN 66314-1] für die standardisierte Schnittstelle für kinematische Steuerungen „IRDATA" beschrieben. Bei dem für Roboter recht unkonventionellen Kugelgelenk ist die Orientierungsspezifikation in kartesischen Drehwinkeln zweckmäßig, also in Winkeln um die festen Achsen des Referenzkoordinatensystems. Dabei legt man die folgende Drehreihenfolge fest:

1. um die feststehende x-Achse (*roll*)
2. um die feststehende y-Achse (*pitch*)
3. um die feststehende z-Achse (*yaw*)

Dies entspricht genau der umgekehrten Reihenfolge einer weiteren sehr gebräuchlichen Winkelkonvention, und zwar der Drehung um die Achsen des *mitgedrehten* Kugel-Frames. Diese Winkel sind gemäß der Angaben in Klammern leicht nachvollziehbar:

1. um die z-Achse (*yaw*, Manipulator links/rechts)
2. um die mitgedrehte y'-Achse (*pitch*, Manipulator auf/ab)

3. um die (nun ein zweites Mal) mitgedrehte x"-Achse (*roll*, Längsachse des Manipulators)

Die Bewegungsvektoren $\mathbf{v}_i$ der an der Plattform montierten Kugelbeinchen ($i = 3..5$) werden in Abhängigkeit eines relativ zur Plattform feststehenden Drehvektors $\omega_{Kugel} = (\omega_{roll}, \omega_{pitch}, \omega_{yaw})^T$ berechnet, dessen Betrag die Drehgeschwindigkeit bestimmt:

$$\mathbf{v}_i = \omega_{Kugel} \times \mathbf{r}_i. \tag{6.4}$$

Hier ist $\mathbf{r}_i$ der Vektor vom Kugelmittelpunkt zum Auflagepunkt des Beinchens i. Die z-Komponente von $\mathbf{v}_i$ im Beinchenkoordinatensystem ist Null. Abbildung 26 veranschaulicht das Zusammenwirken der Kugelbeinchen.

Auch im Falle der Kugeldrehung muss beachtet werden, dass sich die Geschwindigkeitsvektoren im bewegten Bezugssystem ständig ändern. Da die Piezobeinchen bei der Kugel jedoch nicht mitbewegt werden, hat dies lediglich Auswirkungen auf die Interpretation der Drehgeschwindigkeiten: ω_{roll} bezieht sich stets auf Drehungen der Kugel um die x-Achse der Plattform (vgl. Abbildung 24). Die zweite oben angegebene Interpretationsmöglichkeit der Winkel gilt daher nicht analog für die Winkelgeschwindigkeiten. Um eine gewünschte Orientierung des Manipulators zu erreichen, empfiehlt es sich, zuerst die Greiferlängsachse in die Ziellage zu bewegen und anschließend den Rollwinkel durch Drehung um die (neue) Längsachse einzustellen[16].

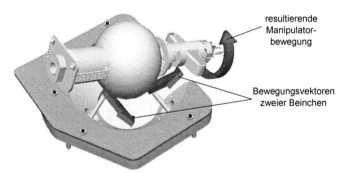

Abbildung 26: Bewegungsvektoren der Kugelbeinchen am Beispiel einer Drehung um die Greiferlängsachse, vgl. [Schmoeckel 2000 a].

---

[16] Dies gilt nur für die Bewegung unter Sensorüberwachung, bei der die Konfiguration des Roboters zu jedem Zeitpunkt bekannt ist.

6.2.4 Ansteuerung der Piezobeinchen

Idealerweise sollten die sechs Piezobeinchen nun so angesteuert werden, dass sich für die Roboterbewegung exakt die in den vorhergehenden Abschnitten berechneten Bahngeschwindigkeiten v_i ergeben (Gl. (6.2) für $i = 0..2$ und Gl. (6.4) für $i = 3..5$). Wie bereits in Abschnitt 4.1.1 beschrieben, haben die Piezoelemente eine innere und vier äußere Elektroden. Die zum Biegen der Beinchen benötigten Spannungen zwischen den Elektroden werden von der Ansteuerelektronik direkt aus einem vorgegebenen Richtungsvektor ermittelt. Dabei ist die Spannung[17] zwischen einer äußeren und der inneren Elektrode linear zu der entsprechenden Komponente des Richtungsvektors. Elektrische und materialbedingte Effekte bewirken, dass die tatsächliche Bewegung eines Piezoelements bei der so gewählten Spannung verzerrt wird. Der am schwersten wiegende, systematische Fehler hierbei ist das anisotrope Biegeverhalten der Beinchen. Denn während das Beinchen bei diagonaler Ansteuerung durch Spannungen an allen vier äußeren Elektroden verbogen wird (zwei bewirken Kontraktion, zwei Expansion), sind es bei reinen Vorwärts- und Seitwärtsbewegungen nur zwei. Bei der manuellen Steuerung der Plattformbewegung ist es noch zu verschmerzen, wenn der Roboter diagonal etwas schneller läuft. Bei Bewegungen des Manipulators verursacht dieses Verhalten jedoch weitaus größere Probleme, weil sich die Drehachse der Kugel bei unzureichend abgestimmten Beinchengeschwindigkeiten stark verlagert. (Abbildung 26 zeigt das komplexe Zusammenspiel der Kugelbeinchen.)

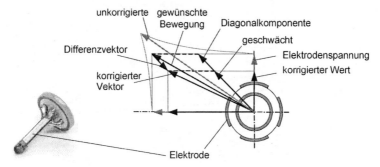

Abbildung 27: Foto und Querschnitt eines Piezobeinchens; Vektoraddition zur Kompensation der Biegeanisotropie.

Der Vektor, mit dem nach oben beschriebener Methode die Elektrodenspannungen bestimmt werden, muss daher korrigiert werden, indem seine Diagonalkomponente geschwächt wird [Schmoeckel 2001 a]. Die notwendige Vektoraddition ist in Abbildung 27 dargestellt. Der gewünschte Richtungsvektor wird zunächst parallel zur

---

[17] vgl. Abschnitt 4.1.1, Seite 19 und Abschnitt 6.2, Seite 49.

nächstliegenden Koordinatenachse auf die Diagonale projiziert. Durch Multiplikation dieser Projektion mit einem Korrekturfaktor wird ein Differenzvektor in Richtung der Diagonalkomponente ermittelt, der vom ursprünglichen Richtungsvektor abgezogen wird. Die Elektrodenspannungen werden dann aus den Komponenten dieses korrigierten Vektors ermittelt. Der benötigte Korrekturfaktor hängt von der Größe der Elektrodenflächen ab und muss in der Praxis experimentell bestimmt werden. Die MINIMAN-Roboter bewegen sich zufriedenstellend bei einem Korrekturfaktor von 0,4.

6.3 Benutzerschnittstelle

6.3.1 Auswahl des Eingabegeräts

In makroskopischen Bereichen ist die Teleoperation von Robotern ein intensiv untersuchtes Forschungsgebiet. Teleoperierte Roboter werden dabei vor allem in Bereichen eingesetzt, die für Menschen sehr schwer erreichbar oder gefährlich sind. Einsätze im Weltraum und in radioaktiv verseuchten Gebieten oder die Minensuche sind Beispiele. Bei Weltraumanwendungen steht die Entwicklung von Methoden der virtuellen Realität im Vordergrund, die eine Teleoperation trotz der großen Latenzzeiten der Signalübertragung ermöglichen. Bei anderen ferngesteuerten Robotern, einschließlich stationären Knickarmrobotern, wird an der Aufbereitung von Sensordaten geforscht, die dem Benutzer während Handhabungsaufgaben mehr Gefühl vermitteln sollen, etwa durch Kraftrückkopplung mittels haptischer Benutzerschnittstellen. Dieser Forschungsbereich ist insbesondere für den Robotereinsatz in der Medizin interessant. Im Bereich der Mikrohandhabung existieren nur vereinzelte Forschungsarbeiten ([Sulzmann 1995, Zhou 2000, Ferreira 2001]), die sich meist auf die Teleoperation von einzelnen, stationären Robotern beziehen oder von Robotergruppen, die aber nicht zur Manipulation von Mikroobjekten geeignet sind [Hasegawa 1995].

Für die Teleoperation stationärer Roboter eignen sich kinematisch ähnlich aufgebaute Eingabegeräte sehr gut, wie beispielsweise das kommerziell erhältliche PHANTOM™ mit sechs Freiheitsgraden (SensAble Technologies, Inc.). Diese Geräte geben – durch einen bestimmten Maßstab skaliert – Absolutpositionen für den Roboter vor, die dieser im Idealfall sofort anfährt.

Für die Steuerung *mobiler* Mikroroboter sind solche Eingabegeräte trotz ihrer vielen Freiheitsgrade wenig geeignet. Vielmehr wird – entsprechend der oben genannten Anforderungen – eine Angabe der Robotergeschwindigkeit gewünscht[18].

Die Kraftrückkopplung des oben genannten PHANTOM™ wurde für die MINIMAN-Roboter dennoch zusätzlich genutzt. Im Rahmen des MINIMAN-Projekts wurde eine

---

[18] eher vergleichbar mit der Fernsteuerung eines Modellautos

Fernsteuerung des Linsen-Mikrogreifers (s. Abbildung 23, Seite 44) entwickelt, mit der die mikroskopischen Greifkräfte fühlbar sind [Menciassi 2001, Miniman 2002].

Ende der siebziger Jahre wurde bei der DLR (Deutsche Forschungsanstalt für Luft- und Raumfahrt) ein Gerät für die Fernsteuerung eines Robotergreifers in sechs Freiheitsgraden entwickelt. Die optimale Lösung für diese Aufgabe war ein 6-Komponenten-Kraft-Momenten-Sensor, der in Form der legendären DLR-Steuerkugel realisiert wurde [Hirzinger 1983]. Dieser Sensor erfasst Linear- und Drehauslenkungen, die von den durch die menschliche Hand aufgebrachten Kräften und Momenten erzeugt werden. Diese werden in translatorische und rotatorische Bewegungsgeschwindigkeiten des zu steuernden Objekts umgesetzt. Das heute vom Logitech-Tochterunternehmen 3Dconnexion erhältliche Nachfolgeprodukt heißt SPACEMOUSE®, Abbildung 28. Mittlerweile hat es sich nicht nur in der Robotik, sondern hauptsächlich in 3D-Computergrafiksystemen, vor allem CAD, etabliert.

Als empfindliches und sehr intuitives Eingabegerät mit sechs Freiheitsgraden eignet sich die SpaceMouse sehr gut für die Steuerung der mobilen Mikroroboter und wurde daher für die Benutzerschnittstelle gewählt.

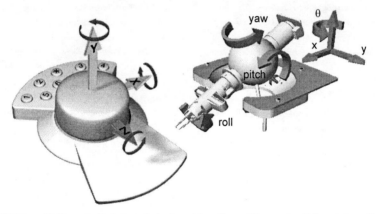

Abbildung 28: Die sechs Freiheitsgrade der SpaceMouse® von 3Dconnexion (links, mit freundlicher Genehmigung der 3Dconnexion GmbH, Seefeld) und die des MINIMAN III (rechts).

6.3.2 Einsatz einer SpaceMouse zur Steuerung der Mikroroboter

Zur Teleoperation mit Hilfe einer SpaceMouse müssen die sechs Eingabeparameter (x, y, z, $roll$, $pitch$, yaw) auf die Roboterachsen übertragen werden. Die in Tabelle 2 dargestellte Zuordnung hat sich in Experimenten als sehr komfortabel erwiesen, kann aber nach Wunsch des Benutzers leicht geändert werden. Zum Beispiel kann auch eine Invertierung von Achsen gewählt werden, falls man mit dem (gedrehten) Lichtmikroskopbild arbeitet.

6.3 Benutzerschnittstelle

Für eine schnelle und effektive Positionierung der Roboter mit der SpaceMouse kann über die SpaceMouse-Tasten oder die grafische Benutzerschnittstelle der SpaceMouse-Implementierung[19] gewählt werden, ob Plattform und Manipulator gleichzeitig oder getrennt angesteuert werden sollen. Zusätzlich gibt es Bedienelemente für die Ansteuerung der Mikrogreifer und der Peripherie sowie zum Hin- und Herschalten zwischen verschiedenen Robotern.

Roboter	Modus	SpaceMouse-Achsen[20]					
		x	y	z	roll	pitch	yaw
Miniman III, IV	Plattform		- y		- x		+ θ
Miniman IV	Manipulator			+ z			
Miniman III	Manipulator		- yaw	- pitch		- roll	
Miniman III	Plattform + Manipulator		- y	- pitch	- x	- roll	+ θ
Miniman III	Nanopositionierer[21]		- y		- x	- roll	- pitch	+ yaw

Tabelle 2: Zuordnung der SpaceMouse-Achsen zu den Roboterachsen (vgl. Abbildung 28).

Ohne die Positionssensorik des Roboters (Kapitel 7) ist die genaue Lage der Manipulatorachsen nicht bekannt. In diesem Fall wird für die Bestimmung der Manipulatorbewegungen eine feste Orientierung der Achsen auf der Plattform benutzt.

Die SpaceMouse liefert nicht nur die Richtungen, sondern auch die Beträge der Kräfte und Momente, mit denen der Benutzer die Kappe der SpaceMouse bewegt. Diese dienen als Maß für die Robotergeschwindigkeiten für die entsprechenden Richtungen. Hierbei können für die einzelnen Achsen individuelle Geschwindigkeitsverhältnisse eingestellt werden. Da die Roboter in sehr unterschiedlichen Größenbereichen eingesetzt werden (Arbeitsbereiche von wenigen Mikrometern bis zu einigen Dezimetern), wurde eine Art Gangschaltung implementiert, mit der der Benutzer per Tastendruck zwischen verschiedenen Geschwindigkeitsbereichen wählen kann. Umgekehrt interpretiert, ändert sich damit die Empfindlichkeit der SpaceMouse.

In Arbeitsbereichen, die größer als etwa 100 × 100 µm² sind, wird das schnelle Slip-Stick-Prinzip benutzt, um den Roboter größere Entfernungen zurücklegen zu lassen. In diesem

---

[19] auf dem zentralen Linux-PC der Mikromanipulationsstation, vgl. Abschnitt 4.1.2

[20] in CAD-Systemen übliche Orientierung, vgl. Abbildung 28

[21] siehe Abschnitt 6.4, Abbildung 34

Modus bestimmt die Größe der vom Benutzer an der SpaceMouse aufgebrachten Kräfte und Momente die Frequenz der Mikroschritte. Mit der Wahl verschiedener „Gänge" können verschiedene Frequenzbereiche angewählt werden[22]. Aus dem von der Space-Mouse gelieferten Geschwindigkeitsvektor (der entsprechend Tabelle 2 zusammengesetzt ist), wird jeweils für Plattform und Manipulator getrennt die schnellste Achse bestimmt. Der Betrag der schnellsten Achse legt die Frequenz (abhängig vom gewählten Gang) fest, mit der alle drei Beinchen der jeweiligen Einheit bewegt werden. Die aus dem Geschwindigkeitsvektor berechneten Relativgeschwindigkeiten der Beinchen werden wie bereits erwähnt über unterschiedliche Schwingungsamplituden eingestellt. Die Auflösung der Bewegung entspricht beim Slip-Stick-Prinzip der ungefähren Länge der Mikroschritte. Diese beträgt im Falle der MINIMAN-Plattformen[23] bei maximaler Amplitude ca. 5 µm.

In kleineren Arbeitsbereichen (unterhalb etwa 100 × 100 µm²) wird die Auflösung der Slip-Stick-Bewegung zu grob. Als nächst kleinerer „Gang" wird daher der Scan-Modus verwendet, dessen Auflösung im 10-Nanometer-Bereich liegt. In diesem Modus bewegt sich der Roboter innerhalb eines ca. 5 × 5 µm² großen Bereichs, ohne Slip-Stick-Schritte auszuführen. Innerhalb dieses Bereichs ist komfortables und sehr präzises Arbeiten möglich. Im langsamsten Gang stoppt der Roboter, sobald er die Grenzen dieses Scan-Bereichs erreicht, was dem Benutzer zusätzlich durch ein akustisches Signal mitgeteilt wird. Drückt der Benutzer die SpaceMouse weiterhin in die selbe Richtung, führt der Roboter nach einer kurzen Wartezeit einen halben Mikroschritt aus, indem die Ansteuerspannungen schlagartig auf Null gesetzt werden. Dadurch rutschen die Piezobeinchen durch, und der Roboter steht anschließend in der Mitte eines neuen, etwas verschobenen Scan-Bereichs. Störend, jedoch prinzipbedingt nicht zu vermeiden[24], ist die Tatsache, dass der Roboter bei solch einem Mikroschritt „aus dem Stand" um bis zu einen Mikrometer zurück springt. (Dies ist bei ausreichender kinetischer Energie des Roboters nicht der Fall.)

Im Übergangsbereich zwischen 10 µm und 100 µm wird ebenfalls der Scan-Modus eingesetzt, allerdings ohne die Verzögerung an den Mikroschrittgrenzen. Die Bewegung ist schneller, lässt sich jedoch immer noch innerhalb eines einzelnen Mikroschrittbereichs stoppen. (Im Slip-Stick-Modus können aus Optimierungsgründen nur vollständige Schritte ausgeführt werden.)

---

[22] In der grafischen Benutzerschnittstelle der SpaceMouse kann der Benutzer diese Frequenzbereiche für jeden Gang nach seinen Bedürfnissen anpassen.

[23] Die Bewegung der Spitze des MINIMAN-III-Manipulators ist entsprechend des Hebelverhältnisses (*Werkzeuglänge* + *Kugelradius*)/*Kugelradius* schneller und dadurch auch gröber.

[24] In [Richardt 1999] wurde eine Ansteuerungsvariante für die Piezobeinchen implementiert, mit der die Beinchen vor dem Zurücksetzen angehoben werden (durch gleichzeitiges Kontrahieren an allen Elektroden). Dadurch sollten die trotz der Trägheit des Roboters störenden Gleitreibungskräfte vermieden werden. In Experimenten zeigt diese Methode jedoch keine Wirkung, da wahrscheinlich die Kontraktion der verwendeten Beinchen nicht ausreicht.

Die in Abschnitt 6.2.2 erwähnte Limitierung der Maximalgeschwindigkeit ist im Falle der SpaceMouse-Steuerung irrelevant, da die Kombination von Rotation und Translation schon in der SpaceMouse-Kappe konstruktiv beschränkt ist: Durch die Anschläge dieser Kappe ergibt sich bei gleichzeitig rotatorischer und translatorischer Maximalauslenkung jeweils genau die Hälfte der einzeln möglichen Maximalauslenkungen.

6.3.3 Überwachung der Mikromanipulation

Wesentlicher Bestandteil der Benutzerschnittstelle für die Teleoperation ist das Mikroskopbild, das die Überwachung der Mikromanipulation erst ermöglicht. Im REM ist zusätzlich die in Abschnitt 5.3.3 beschriebene globale Kamera notwendig, da sie den Einblick in die gesamte Vakuumkammer bietet und damit einen Überblick über die grobe Position der Roboter. Im gleichen Abschnitt wurde das Miniaturmikroskop beschrieben, dessen Bild dem Benutzer während der Teleoperation den Blick von der Seite und damit das Abschätzen z.B. der Greiferhöhe ermöglicht.

Beim Manipulator des MINIMAN IV bietet der Mikrolinearantrieb (s. Seite 41) eine einfache Möglichkeit, die Höhe des Greifers direkt anzugeben. Werden die Signale für den Schrittmotor vom Rechner aus vorgegeben, können die resultierenden einzelnen Schritte mitgezählt werden. Auf dieser Basis kann die Greiferhöhe auf bis zu 1 μm genau angegeben werden.

6.4 Tests mit dem teleoperierten Mikrorobotersystem

Das Mikrorobotersystem wurde in unterschiedlichen Experimenten im REM getestet. Bei den Handhabungsaufgaben in verschiedensten Größenbereichen (einige Zentimeter bis wenige Mikrometer Arbeitsbereich) wurden die MINIMAN-Roboter stets mit der Space-Mouse gesteuert [Schmoeckel 2000 a, Wörn 2001, Miniman 2002].

Die größten von MINIMAN III im REM gehandhabten Objekte waren die Komponenten des Mikroplanetengetriebes eines Kleinstmotors von Faulhaber, Schönaich. Die Bildfolge in Abbildung 29 zeigt das Greifen und Montieren eines Ø 500 μm großen Planetenrads aus der Perspektive des seitlichen Miniaturmikroskops und des REMs direkt von oben. Schon in diesem Größenbereich machen sich die Skalierungseffekte bemerkbar: Das Mikrozahnrad bleibt ab und zu am Greifer kleben. Im Falle einer Mikromontage können die Skalierungsprobleme durch geeignete Bewegungsstrategien gelöst werden. Wenn der Benutzer im vorliegenden Fall den Mikrogreifer nach dem Loslassen seitlich weg bewegt, wird das Planetenrad vom (ausreichend schweren) Basisteil (Steg) festgehalten. Solche Techniken, die der Benutzer bei der Teleoperation oft intuitiv anwendet, müssen insbesondere bei der Automation von Mikromontageaufgaben berücksichtigt werden. Die hierfür notwendige Methodik wird in [Seyfried 2003] grundlegend behandelt.

60   Entwicklung der Steuerung und Teleoperation der Mikroroboter

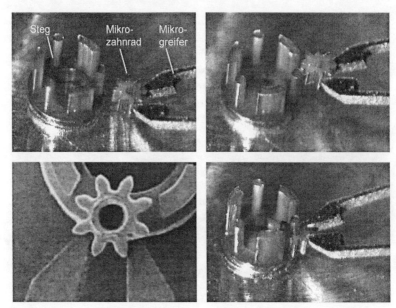

Abbildung 29: Teleoperierte Montage eines Ø 500 µm großen Zahnrads in ein Mikroplanetengetriebe. Bilder des Miniaturlichtmikroskops und Live-Bild des REMs (links unten).

In weiteren Tests wurde das in Abschnitt 5.1 beschriebene Verfahren zum sicheren Greifen und Ablegen kleinster Objekte verwirklicht. Dazu wurden die beiden Mikroroboter MINIMAN III und MINIMAN IV in der Vakuumkammer des REMs betrieben. In Abbildung 30 sind sie um den Probentisch der Vakuumkammer herum vorpositioniert. Auf dem (drehbaren) Probentisch befinden sich zwei Probenträger. Auf dem rechten wurde ein Pflanzenblatt präpariert, um Handhabungsaufgaben ähnlich der in Abschnitt 1.2 beschriebenen durchzuführen. Auf der Oberfläche eines solchen Blattes findet man schnell „verdächtige" mikroskopische Partikel unterschiedlicher Herkunft. Mit MINIMAN III aufgesammelte Partikel sollten auf dem linken Probenträger abgelegt werden, gegebenenfalls mit Unterstützung durch MINIMAN IV.

6.4 Tests mit dem teleoperierten Mikrorobotersystem

Abbildung 30: Blick in die geöffnete Probenkammer.

Abbildung 31 zeigt nun, wie MINIMAN III ein 15 μm kleines Partikel von der Blattoberfläche aufsammelt. Bei dem kugelförmigen Objekt handelt es sich wahrscheinlich um ein Schmauchpartikel aus Abgasen[25]. Die REM-Bilder zeigen, wie zunächst die rechte Greiferbacke an das Partikel herangefahren wird. Auch wenn die Greifoperation durch die starke Vergrößerung des REM-Bilds recht unspektakulär aussieht, ist bei der Teleoperation aufgrund der Skalierungseffekte ein behutsames Vorgehen angebracht. In diesem Größenbereich wird der Roboter zweckmäßigerweise im Scan-Modus betrieben. Wichtig ist, dass der Greifer auf die richtige Höhe gefahren wird. Dazu kann leichter Bodenkontakt im REM auch ohne taktile Sensorik am Greifer festgestellt werden, denn sehr oft gehen Berührungen unterschiedlicher Objekte unter dem Elektronenstrahl mit leichten Kontraständerungen des REM-Bilds einher, weil auf den Objekten vorhandene Ladungen durch den Kontakt abfließen können.

Ist die eine Greiferbacke an das Mikroobjekt herangefahren, kann der Greifer geschlossen werden. Wie in Abschnitt 5.4.3 beschrieben ist es zweckmäßig, dies nur durch die Bewegung *einer* Greiferbacke (hier der linken) zu tun. Ein versehentliches Verschieben oder sogar Wegspringen des Partikels kann so vermieden werden. In Abbildung 31 links unten ist das Partikel sicher gegriffen und bereits angehoben, wie man am nicht mehr fokussierten Hintergrund sehen kann.

---

[25] Demnach ist es möglicherweise genau solch ein blattschädigendes Aerosol, wie es Umweltforscher gerne genauer untersuchen würden – allerdings auf einer definierten Oberfläche und nicht vor dem Hintergrund der unbekannten Zusammensetzung des Blattes, vgl. Abschnitt 1.2.

Das letzte Bild zeigt den Versuch, das Kügelchen auf dem zweiten Probenträger abzulegen. Der Greifer wurde wieder geöffnet. Das Kügelchen bleibt jedoch wie erwartet an einer Greiferbacke hängen.

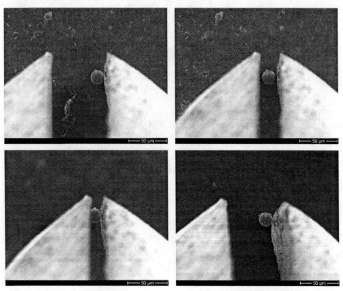

Abbildung 31: Teleoperiertes Greifen eines 15 µm kleinen Aerosols mit MINIMAN III von der Oberfläche eines Blattes. Beim Versuch, es wieder abzulegen bleibt es an einer Greiferbacke hängen (rechts unten).

Als „helfende Hand" wird nun MINIMAN IV benutzt, der dazu in Abbildung 32 eine sehr feine Nadel (die Spitze einer Probernadel[26]) mit seinem Mikrogreifer aus einem Reservoir zieht. Das Reservoir (siehe auch Abbildung 30) besteht aus Ø 1 mm Bohrungen, in denen die Nadeln bereitstehen. Da die Nadeln beim Auffüllen des Reservoirs leicht Schaden nehmen können, wurde als Alternative auch ein doppelseitiges Klebeband als Reservoir benutzt, von dem die Nadeln durch den Roboter abgezupft werden. Der Einsatz eines zusätzlichen Greifers zum Spannen der Nadeln hat den Vorteil, dass verschmutzte oder beschädigte Nadeln sehr einfach ausgetauscht werden können.

Abbildung 33 zeigt, wie MINIMAN IV schließlich mit einer Nadel das abzulegende Aerosol vom Greifer des MINIMAN III abstreift.

---

[26] angeätzte Wolframnadel mit einem Spitzenradius von weniger als 1 µm, wie sie in IC-Probermodulen zum Anlegen und Abgreifen von Testsignalen auf integrierten Schaltkreisen eingesetzt wird

6.4 Tests mit dem teleoperierten Mikrorobotersystem

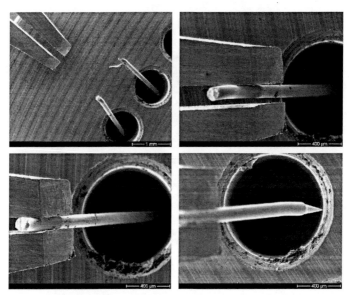

Abbildung 32: MINIMAN IV holt eine Nadelspitze aus dem Vorrat.

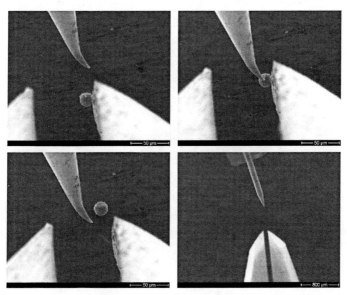

Abbildung 33: MINIMAN IV streift mit seiner Nadel das Aerosol ab.

Die teleoperierten Versuche wurden abgerundet durch Tests im Submikrometerbereich. In diesem Bereich fehlen bislang geeignete Werkzeuge, mit denen Objekte definiert gegriffen werden können. Auch die für die MINIMAN-Roboter entwickelten Greifer sind hierfür zu grob. Es ist auch zweifelhaft, dass die Skalierungseffekte in noch kleineren Bereichen überhaupt konventionelle Greifmethoden erlauben. Vielmehr sind hier Methoden der Rastersondenmikroskopie sinnvoll. Handhabungstechniken im Nanometerbereich wird man in Zukunft also eher „vom unteren Ende aus" entwickeln, also mit Hilfe modifizierter Rastersondenmikroskope, mit denen heute Strukturen im atomaren Maßstab sichtbar gemacht und auch modifiziert werden[27]. Daher wurden lediglich die Bewegungseigenschaften des MINIMAN III im Nanometerbereich getestet. Der MINIMAN-III-Manipulator wurde dazu durch einen halbkugelförmigen Probenhalter ersetzt, der einen konventionellen Probenträger aufnehmen kann, Abbildung 34, [Schmoeckel 2001 a]. Damit wird MINIMAN III zu einem fünffachsigen Positioniertisch. In einem Feldemissions-REM der Firma LEO für stärkste Vergrößerungen wurde eine Hochauflösungsprobe in der Mitte der Halbkugel angebracht, mit der die Bewegungen des Roboters im Submikrometerbereich beobachtet wurden. Der Roboter wurde wieder mit der SpaceMouse ferngesteuert. Dabei erlaubte die etwas modifizierte, direkte Achszuordnung (siehe Tabelle 2) ein schnelles und komfortables Anfahren gewünschter Positionen und Orientierungen. Die angefahrenen Positionen wurden vom Roboter auch über Minuten hinweg stabil gehalten. Kriecheffekte der Piezoelemente stellen demnach im hier interessierenden Bereich oberhalb 100 nm kein Problem dar. Auch die Hysterese piezoelektrischer Kristalle, die wie die Kriecheffekte im atomaren Maßstab bei Rastersondenmikroskopaufnahmen große Probleme bereiten, sind in der ungeregelten Teleoperation des Roboters unkritisch.

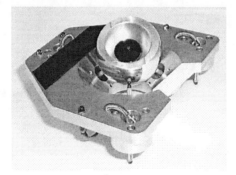

Abbildung 34: MINIMAN III als fünffachsiger Nanopositioniertisch.

---

[27] In [Dong 2001] beispielsweise verfolgt man diesen Ansatz bei Handhabungsversuchen mit Kohlenstoff-Nanoröhren (Ø 40 nm × 7 μm).

Ein letztes Beispiel für die Teleoperation eines MINIMAN III – diesmal unter dem Lichtmikroskop – zeigt Abbildung 39 (Abschnitt 7.4.2, Seite 74).

6.5 Ergebnisse und Diskussion

Die entwickelten Algorithmen zur flexiblen Berechnung der Ansteuerparameter der Roboteraktuatoren haben zusammen mit der SpaceMouse als Eingabegerät das Zweirobotersystem zu einem nützlichen Werkzeug für sehr verschiedene Aufgaben im Bereich weniger Millimeter bis hinab in den Submikrometerbereich gemacht. Zwar vernachlässigen die Berechnungen der Beinchenbewegungen allein aus geometrischen Beziehungen die in Abschnitt 8.1.3 genauer untersuchten dynamischen Gesetze der Slip-Stick-Bewegung. Doch erweisen sie sich als völlig zufriedenstellend in den durchgeführten Handhabungsversuchen, in denen unter anderem das definierte Greifen und sichere Ablegen von 15 µm großen Partikeln gelang. Bemerkenswert ist, dass der Benutzer bei diesen Versuchen oft das Gefühl für die tatsächliche Kleinheit der Mikrowelt verliert. Durch die flexible Anpassung der SpaceMouse-Empfindlichkeit und die entsprechende starke und tiefenscharfe Vergrößerung durch das REM-Bild, spürt der Bediener wenig Unterschiede zwischen dem Millimeter- und dem Mikrometerbereich. Für eine ungefähre Vorstellung vom Mikrometerbereich betrachte man das REM-Bild in Abbildung 33 rechts unten, bei dem die Vergrößerung etwas reduziert wurde: Während das abgelegte Kügelchen gerade noch als Punkt in der Mitte des Bildes erkennbar ist, sieht man am eingeblendeten Maßstab, dass die aus dem MINIMAN-IV-Greifer ragende Nadelspitze gerade einmal ein Millimeter lang ist.

Allerdings zeigen die durchgeführten Experimente mit dem gegenwärtig realisierten System noch immer einige typische Probleme in der Mikrowelt. Oft kämpft man zum Beispiel mit Staub oder anderen Kontaminationen während der Mikrohandhabung. So lagern sich Staubpartikel scheinbar vorzugsweise direkt an der äußersten Spitze des Mikrogreifers ab und verhindern so das Manipulieren ähnlich großer oder kleinerer Objekte. Dieser Effekt ist leicht durch die an einer Spitze stark erhöhte elektrische Feldstärke zu erklären, die bei gegebener Potenzialdifferenz umgekehrt proportional zum Spitzenradius ist.

Beim Versuch, ein Mikroobjekt vom Greifer abzustreifen, kommt es mitunter vor, dass es anschließend an der Abstreifnadel haften bleibt. Aus der Makrowelt kennen wir eine analoge Situation, wenn eine elektrostatisch aufgeladene Kunststofffolie ungewollt am Finger kleben bleibt. Das intuitive Vorgehen in dieser Situation ist, mit der anderen Hand, sprich: mit der Spitze einer Backe des MINIMAN-III-Greifers, das Objekt erneut abzustreifen, was bisher immer nach wenigen Versuchen zum Erfolg geführt hat. In solch einem Fall bietet das angestrebte „definierte" Greifen durch einen Zweibackengreifer augenscheinlich keinen Vorteil. Denkt man jedoch an Mikromontageaufgaben wie die in Abbildung 31, welche möglicherweise auch automatisiert werden sollen, ist das exakte Greifen (und damit auch das Einstellen einer vorgegebenen Orientierung) eines Mikroteils wichtig. Außerdem können bei der Mikromontage weitere Techniken mit der Abstreifstrategie kombiniert werden. So sollten nach [Seyfried 2003] Mikroteile stets auf hinreichend große Basisbaugruppen montiert werden, durch deren Gewicht die beim Abrücken des Mikrogreifers auftretenden Oberflächenkräfte überwunden werden.

Durch Einsatz der SpaceMouse wurde eine sehr intuitive Bedienbarkeit des Systems erzielt. Besonders, wenn ein Benutzer schon mit der SpaceMouse aus anderen Bereichen – z.B. CAD – vertraut ist, kann er praktisch ohne Einarbeitungszeit die Roboter nach seinen Wünschen bewegen. Schwierigkeiten bereiten lediglich der Umgang mit den Skalierungseffekten und Drehungen um die Greiferlängsachse des MINIMAN III. Letztere sind problematisch, weil Rotationen nicht wie die Translationen ins Mikroskopische skaliert werden: Eine 180°-Drehung des Greifers innerhalb einer gegeben Zeit erfordert stets die gleichen (hohen) Geschwindigkeiten an den Manipulatorbeinchen. Dem gegenüber stehen die sehr kleinen Geschwindigkeiten, die während mikrometergenauen Auf- und Abbewegungen der Greiferspitze benötigt werden. Dies hat zur Folge, dass die Greiferspitze während einer schnellen, teleoperierten Längsdrehung des Greifers im Verhältnis zum Sichtfeld eines stark vergrößernden Mikroskopbilds sehr schnelle und entsprechend große Bewegungen vollführt, die der Benutzer nur schwer kontrollieren kann. Sicherheitshalber sollte daher der Roboter in diesem Fall aus dem lokalen Arbeitsbereich herausgefahren werden, so dass die Drehbewegung des Manipulators im makroskopischen Maßstab (Millimeterbereich) durchgeführt werden kann. Für Situationen wie diese ist daher eine Positionssensorik wünschenswert, die eine geregelte Roboterbewegung auch für die Teleoperation ermöglicht.

Von weiteren Sensordaten, die dem Benutzer mit unterschiedlichen Techniken präsentiert werden können (Kraftrückkopplung, Virtuelle Realität usw.), würde die Teleoperation sicherlich zusätzlich profitieren. Hilfreich wären z.B. die schon angesprochenen Angaben zur Greiferhöhe, denn das seitliche Miniaturmikroskop in der Probenkammer reicht für Arbeiten im Mikrometerbereich nicht aus.

Im Bereich um 10 µm wirken sich die schon erwähnten Rücksprünge des Roboters beim Erreichen der Scan-Bereichsgrenze recht störend aus. Dieses Problem des Slip-Stick-Prinzips bei kleinen Geschwindigkeiten kann nur durch Verändern der Maximalspannung der Piezoelemente umgangen werden. Zum Arbeiten in dem momentan kritischen Bereich kann so die Schrittgröße stark verringert werden, z.B. auf 300 nm. In diesem Bereich arbeiten beispielsweise auch die Slip-Stick-Aktuatoren von [Breguet 1998]. Dadurch wird die Auflösung entsprechend verbessert bei gleichzeitiger Reduzierung der Geschwindigkeit. Der kritische Bereich wird somit in die Nanometerregion verschoben.

7 Entwicklung eines REM-basierten Positionssensorsystems

In Kapitel 6 wurde die Entwicklung der Robotersansteuerung beschrieben, mit der es möglich ist, die Roboter gemäß eines im Konfigurationsraum angegebenen Geschwindigkeitsvektors zu bewegen. Aufgrund der Unsicherheiten des Slip-Stick-Bewegungsprinzips wird ein Mikroroboter aber nie exakt den so vorgegebenen Trajektorien folgen können. Die Unsicherheiten beruhen sowohl auf systematischen Fehlern durch nicht genau bestimmbare Parameter (z.b. die Lage des Roboterschwerpunkts) als auch auf statistischen Fehlern (z.b. die Schwankungen der Oberflächenbeschaffenheit der Arbeitsplattform), vgl. Abschnitt 8.1.3. Voraussetzung für die Automation des Mikrorobotersystems ist daher eine Lageregelung, wie sie für konventionelle Roboter selbstverständlich ist. Für die Lageregelung wiederum wird eine Sensorik benötigt, die alle Freiheitsgrade der Roboter erfassen kann. Bei konventionellen Industrierobotern geschieht dies z.b. durch in den Robotergelenken integrierte Winkelgeber. Das Slip-Stick-Bewegungsprinzip der mobilen Mikroroboter ermöglicht zwar eine extrem hohe Auflösung (10–20 nm) bei sehr einfachem Roboteraufbau, lässt aber keine absolute, integrierte Positionssensorik zu. Dieses Problem gilt übrigens nicht nur für mobile *Mikro*-Roboter. Auch bei großen mobilen Robotern, die sich z.b. auf Rädern bewegen, reicht es nicht, zurückgelegte Entfernungen über die Anzahl der Radumdrehungen zu messen, was bei den Mikrorobotern dem Mitzählen der Mikroschritte entspricht (*Odometrie*). In jedem Fall ist zusätzlich eine absolute Sensorik notwendig. Während diese von den großen mobilen Robotern oft mitgeführt wird (hier gibt es verschiedenste Arten von Navigationssystemen), ist eine externe Sensorik in der kleinräumigen und gut bekannten Umgebung der Mikroroboter sinnvoller – und aufgrund der Größe der Roboter auch kostengünstiger zu realisieren. Wie schon in Abschnitt 4.1.2 beschrieben, liegt daher der Mikromanipulationsstation das Konzept zu Grunde, die (ohnehin) eingesetzten Mikroskope als externe Positionssensoren der Mikroroboter zu nutzen. In dieser Arbeit soll dementsprechend das REM als hochauflösender, berührungsloser Sensor dienen. Es wird untersucht, wie die hohe Auflösung des REMs für die Positionsbestimmung von Mikrorobotern genutzt werden kann. In Kapitel 9 werden die Grenzen eines solchen Sensorsystems analysiert.

7.1 Anforderungen

Die Anforderungen an eine Positionssensorik im REM lassen sich wie folgt zusammenfassen:

1. Die Messgenauigkeit sollte so hoch wie möglich sein und optimalerweise der (einstellbaren) hohen Auflösung des REMs entsprechen. Die Auflösung der REM-Bilder in Abbildung 31 beträgt beispielsweise ca. 0,25 µm pro Pixel.

2. Das Sensorsystem sollte alle Freiheitsgrade des Roboters erfassen können. Bei einem MINIMAN-III-Roboter sind dies bis zu sieben Freiheitsgrade: drei für die mobile Plattform, drei für den Kugelmanipulator und ein Freiheitsgrad für die Greiferöffnung.

3. Die Sensorik muss echtzeitfähig sein. Die Messfrequenz sollte daher so schnell wie möglich sein, mindestens so schnell wie der für die Bildrate des REMs noch tolerierte Wert, also mindestens 10–12 Hz, vgl. Abschnitt 5.3.1.

4. Da ein Ziel der Entwicklung der mobilen Mikroroboter auch die niedrigen Kosten eines solches Systems sind, sollte die Sensorik nicht zu aufwändig sein. Sie sollte möglichst flexibel an verschiedene REMs anzupassen sein und wenig zusätzliche Komponenten benötigen.

5. Auch die gute Anpassbarkeit an verschiedene Mikrorobotertypen und die flexible Integration einzelner Sensoren in das gesamte Mikrorobotersystem ist wichtig.

7.2 Aufbau

Abbildung 35 zeigt die gesamte Hardware, die für den Betrieb des REMs als Sensorsystem und für die Ansteuerung der Roboter benötigt wird. Alle Komponenten des Systems werden auch für die Robotersteuerung und -überwachung während der Teleoperation eingesetzt. Sie wurden daher schon in den vorangegangenen Kapiteln beschrieben. An dieser Stelle wird deshalb nur das Zusammenspiel der einzelnen Module erläutert.

Der zentrale Stations-PC steuert die Roboter über das Steuerrechnersystem. Über Framegrabber akquiriert er die Bilder der globalen Kamera, die den gesamten Arbeitsbereich der Roboter erfasst, und des Miniaturmikroskops, das eine seitliche Perspektive auf die Mikroszene unter dem Elektronenstrahl bietet. Letzterer wird vom Rasterelektronenmikroskop erzeugt und über das USB-Bildaufnahmesystem gesteuert, das die REM-Bilder akquiriert und an den Stations-PC zurückgibt.

Das Sensorsystem wird in globale und lokale Sensorik unterteilt. Das aus früheren Arbeiten übernommene Konzept der globalen Sensorik wurde auf die Positionierung des MINIMAN-III-Manipulators im Rahmen der vorliegenden Arbeit erweitert. Vollständig neu entwickelt wurde die auf dem Einsatz des REMs basierende lokale Sensorik. Bei den Sensoren werden zwei Modi unterschieden:

Zu Anfang, bei der Initialisierung des Systems, ist die Roboterposition unbekannt. Daher sind Verfahren notwendig, die mit Hilfe von Vorwissen zuerst die Roboter erkennen müssen, bevor ihre Positionen ermittelt werden können. Diese Verfahren werden in den folgenden Abschnitten im Zusammenhang mit den jeweiligen Sensorkonzepten erläutert.

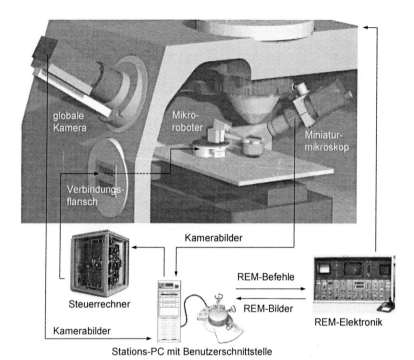

Abbildung 35: Überblick über das Sensor- und Steuerungssystem am REM.

Ausgehend von schon erfolgten Messungen (oder von einer bekannten Startposition) werden die Roboter während ihrer Bewegung verfolgt (*Tracking*). Ihre Position muss lediglich aktualisiert werden, was durch die in Kapitel 8 beschriebene Kalman-Filterung geschieht.

7.3 Globale Sensorik

Das Konzept der globalen Sensorik wurde bereits in Abschnitt 4.1.2 beschrieben. Für das Sensorsystem der Mikroroboter im REM dient die außen an der Vakuumkammer angebrachte globale CCD-Kamera zum Erkennen und Verfolgen der Infrarot-LEDs der Roboter mit Hilfe der in Abschnitt 4.3.1 erläuterten Verfahren nach [Fatikow 1999 b].

Für die Realisierung der globalen Sensorik im REM musste lediglich das Kalibrierungsverfahren leicht abgewandelt werden. Anstelle eines Kalibrierungsgitters aus Linien wird aufgrund der schwierigen Beleuchtungsverhältnisse im REM eine Platte mit 42 rasterförmig angeordneten LEDs benutzt. Die leuchtenden Punkte können leicht im Kamerabild erkannt und als Eingangsdaten für den Tsai-Algorithmus benutzt werden.

In [Fatikow 1999 b] wurde nur die Erkennung der Roboterplattformen entwickelt, die darauf beruht, dass sich die Roboter in einer Ebene – auf der bekannten Höhe des Mikroskoptischs – bewegen. Für die Erfassung der gesamten Konfiguration eines MINIMAN III musste die globale Sensorik daher durch die Erkennung des Manipulators erweitert werden. Um die Orientierung der Manipulatorkugel eindeutig bestimmen zu können, reichen zwei zusätzliche LEDs, die wie in Abschnitt 5.4.1 beschrieben an der Kugelrückseite montiert sind. Indem sie einzeln eingeschaltet werden, können sie durch die auch für die Plattform eingesetzte LED-Erkennung identifiziert werden. Daraufhin wird die Orientierung des MINIMAN-III-Manipulators wie folgt bestimmt [Schmoeckel 2000 a]:

Zunächst wird die räumliche Lage der beiden LEDs einzeln durch die in Abbildung 36 skizzierte Methode berechnet: Über die Kamerakalibrierung bekannt ist der Ortsvektor **b** (in Weltkoordinaten) zum (detektierten) Bild der LED auf dem CCD-Chip. Von diesem Bildpunkt aus kann durch das ebenfalls bekannte optische Zentrum der Kamera die Gerade **s** konstruiert werden. Schließlich muss auch die Position des Kugelmittelpunkts (Ortsvektor **c**) bereits durch die Plattformerkennung bestimmt worden sein. Die Position der LED ist nun der Schnittpunkt der Geraden **s** mit einer gedachten Kugeloberfläche, die konzentrisch zur Manipulatorkugel ist, und auf der die LED liegt (Radius **r**). Der Schnittpunkt wird durch ein Gleichungssystem ermittelt, das zwei Lösungen besitzt – der der Kamera zugewandte Punkt ist die gesuchte LED-Position.

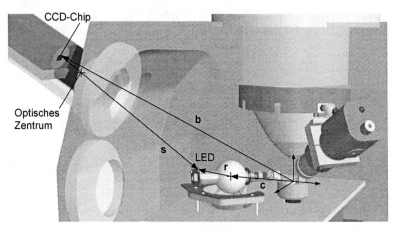

Abbildung 36: Bestimmung der Position einer Manipulator-LED.

Aus der Position der beiden LEDs kann anschließend die Orientierung des Manipulators ermittelt werden. Die Manipulatorerkennung wurde im Rahmen von [Yigit 2000] implementiert.

7.4 Lokale Sensorik

7.4.1 Konzept der REM-Bilderkennung

Gemäß Anforderung 4 auf Seite 68 (möglichst wenige zusätzliche Komponenten) und der einleitenden Überlegungen zu Beginn dieses Kapitels soll hauptsächlich das REM als lokaler Sensor genutzt werden. Im REM-Bild vorhandene Informationen über die Position der Roboter sollen also automatisch erkannt und ausgewertet werden. Hierfür müssen geeignete Bildverarbeitungsmethoden gefunden werden, mit denen ein Mikrogreifer im REM-Bild detektiert werden kann, gegebenenfalls auch mit Hilfe auf dem Greifer angebrachter Markierungen. Aus der Perspektive der Greiferherstellung wäre die direkte Erkennung von Merkmalen des Greifers ohne zusätzliche Markierungen wünschenswert. Der Entwicklungsaufwand der Bilderkennungsalgorithmen wäre jedoch gewaltig, da die Form eines Greifers im REM-Bild stark von seiner Orientierung abhängt. Der mögliche Vorteil einer gleichzeitigen Erkennung von Position *und* Orientierung würde mit sehr hohem Rechenaufwand und eingeschränkter Flexibilität erkauft, da für jeden Greifer individuelle Modelle und Bilderkennungsalgorithmen entwickelt werden müssten. Daher wurden Standard-Bildverarbeitungsmethoden in Kombination mit unterschiedlichen Markierungsmöglichkeiten speziell im Hinblick auf die Eigenschaften des *Sekundärelektronenbilds* des REMs untersucht. Die anderen verfügbaren REM-Bildmodi wie etwa das Rückstreuelektronenbild (vgl. Abbildung 17, Seite 34) eignen sich aufgrund der schwachen Detektorsignale nicht für eine Echtzeitbildverarbeitung.

Eine besonders hohe Elektronenausbeute und daher für die Bildverarbeitung gut nutzbare Kontraste erhält man im SE-Bild an stark geneigten oder sehr rauen Flächen sowie an dünnen Strukturen, vgl. Abschnitt 4.2. Umgekehrt gelangen nur wenige Elektronen aus Löchern hinaus, weshalb diese sehr dunkel erscheinen. Durch diese Eigenschaften des SE-Bildes eignen sich entsprechende Strukturen auf einem Mikrogreifer gut als Markierungen. Darüber hinaus können Aufladungseffekte sehr starke Kontraste im REM-Bild hervorrufen, die an nichtleitenden Objekten entstehen. Da Ladungen nicht abfließen können, entsteht ein starkes elektrisches Feld um solch ein Objekt herum. Ein durch die Primärelektronen negativ aufgeladenes Objekt emittiert mehr SE-Elektronen und erscheint daher besonders hell, während seine direkte (leitfähige) Umgebung sehr dunkel erscheint, weil sie durch Influenz örtlich positiv geladen ist und daher kaum SE entweichen können. Dieser in der Regel unerwünschte Effekt unterliegt allerdings starken Schwankungen und kann nur schwer gezielt beeinflusst werden. Da er außerdem örtliche Verzerrungen des REM-Bildes verursacht, wurde diese Markierungsmöglichkeit nicht weiter verfolgt.

Von der Seite der Bildverarbeitung betrachtet sind besonders geradlinige und kreisförmige Strukturen schnell und robust detektierbar, etwa mit der Hough-Transformation (Abschnitt 4.3.1). In Tabelle 3 sind die verschiedenen Varianten von Greifermarkierungen gegenübergestellt, deren technische Realisierbarkeit im Rahmen von [Albe 2002] getestet wurden. Drei davon zeigt exemplarisch Abbildung 37.

72 Entwicklung eines REM-basierten Positionssensorsystems

Form	Herstellungsalternativen	Eigenschaften im REM-Bild	Bewertung
Kreise	**Bohrungen**: leichte Anbohrungen der Oberfläche durch 0,5-mm-Bohrer	helle, kreisförmige Struktur mit unregelmäßiger Textur; bei Neigung der Oberfläche Verzerrung zur Ellipse	+ guter Kontrast o neigungsabhängige Form[28] − unregelmäßig
Kreise	**Bohrungen**: durch Funkenerosion hergestellte Durchgangslöcher, Abbildung 37, links	dunkle, kreisförmige Struktur mit gleichmäßiger Textur; bei Neigung der Oberfläche Verzerrung zur Ellipse und geringer Kontrast an sichtbarer Lochinnenfläche[29]	+ kleine Durchmesser + homogene Textur − Kontrast und Form neigungsabhängig − aufwändige Herstellung
Kreise	**Kugeln**: auf den Greifer geklebte Mikrokugeln mit verschiedenen Durchmessern, Abbildung 37, Mitte	innen gleichmäßige Textur, dunkel; außen heller, glatter, kreisförmiger Rand, neigungsunabhängig	+ stets scharfer, heller Umriss + guter Kontrast + neigungsunabhängig o präzise Montage schwierig[30]
Linien	**Draht**: kreuzförmig aufgeklebter 0,1-mm-Draht oder (dünnere) Klebstofffäden, Abbildung 37, rechts	innen gleichmäßige Textur; außen helle, glatte Linien; neigungsabhängige Kreuzwinkel	+ gleichmäßig o neigungsabhängige Winkel[28] o nicht optimaler Kontrast − große Fläche für robuste Erkennung notwendig
Linien	**Nuten**: kreuzförmige Einritzungen der Oberfläche	innen unregelmäßige Textur; außen helle, linienförmige Ränder; neigungsabhängige Kreuzwinkel	+ einfache Herstellung o neigungsabhäng. Winkel[28] − unregelmäßige Struktur − schlechter Kontrast − große Fläche für robuste Erkennung notwendig

Tabelle 3: Bewertung verschiedener Greifermarkierungen.

Als Konzept für die Auswertung des REM-Bilds wurde schließlich die Erkennung von auf dem Greifer aufgeklebten Mikrokugeln mit Hilfe der Hough-Transformation für Kreise gewählt. Wie aus Tabelle 3 ersichtlich ist, überwiegen die Vorteile dieser Methode deutlich. Vor allem das im Vergleich sehr konstante Aussehen der Mikrokugeln im REM-Bild bei gutem Kontrast verspricht eine schnelle und robuste Bilderkennung.

---

[28] Die Bildverarbeitung wird hierdurch deutlich aufwändiger. Vorteilhaft ist jedoch, dass gleichzeitig die Kippung des Greifers ermittelt werden kann.

[29] kann vermieden werden durch (aufwändigere) Fertigung von unter der Oberfläche (z.B. konisch) aufgeweiteten Löchern

[30] Wie in Abschnitt 7.4.2 noch näher beschrieben wird, können die MINIMAN-Roboter hierzu verwendet werden. Ein punktgenaues Anbringen der Kugeln ist jedoch gar nicht nötig, da ihre Positionen auf dem Mikrogreifer nachträglich genau vermessen werden können.

7.4 Lokale Sensorik 73

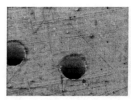

Abbildung 37: Beispiele verschiedener Greifermarkierungen. REM-Bilder von Bohrungen (Ø 430 µm, Oberfläche um 30° gekippt, links), einer Kugel (Ø 910 µm, Mitte) und Klebstofffäden (< Ø 100 µm, rechts).

7.4.2 Realisierung der Greifermarkierungen durch Mikrokugeln

Mikrokugeln aus verschiedensten Materialien sind in nahezu beliebigen Durchmessern kommerziell erhältlich. Meist dienen sie als Alternative zu Pulvern und Granulaten für unterschiedliche Zwecke, z.b. als Katalysatorträger in der Chemieindustrie, als Mahlkörper oder als Lebensmittel- und Waschmittelzusätze. In vielen Prozessen haben sie durch ihre exakte sphärische Form den Vorteil der gut reproduzierbaren Dosierbarkeit und Rieselfähigkeit sowie der fehlenden Feinststaubanteile, die oft Probleme bereiten. Darüber hinaus werden sie in kleineren Mengen als Kalibrierungsgrößen in Mikroskopen eingesetzt sowie als Lötkugeln in der Mikroelektronik.

Für den Einsatz im REM sind metallische Mikrokugeln von Vorteil. Nichtleitende müssen – wie allgemein bei REM-Proben üblich – nach dem Aufkleben auf den Greifer mit Gold bedampft werden. Der optimale Durchmesser der Mikrokugeln richtet sich nach Größe des angestrebten Arbeitsbereichs eines Mikrogreifers. Für eine sichere Bilderkennung sollte er bei der gewünschten Vergrößerung mindestens 12-14 Pixeln im REM-Bild entsprechen – je größer desto besser. Andererseits schränken zu große Greifermarkierungen den Arbeitsbereich des Greifers ein, da sie noch mindestens zu einem Drittel im Bildausschnitt sichtbar sein müssen. Letzterer kann jedoch durch die REM-Steuerung sehr flexibel gewählt werden (siehe folgender Abschnitt 7.4.3). Für eine Greifererkennung bei sehr unterschiedlichen Vergrößerungen bietet es sich an, verschieden große Mikrokugeln in entsprechender Entfernung von den Greiferspitzen zu platzieren.

Im Rahmen von [Albe 2002] wurde mit metallischen Mikrokugeln (ca. Ø 570 µm) und mit Mikrokugeln aus Polystyren-Latex (ca. Ø 90 µm) experimentiert. Für die Greifererkennung wurde auf jede Greiferbacke eine Kugel geklebt, Abbildung 38.

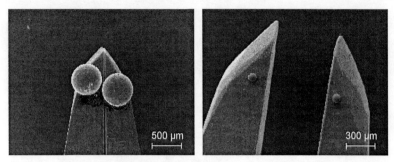

Abbildung 38: Auf Mikrogreifer geklebte Mikrokugeln. Links: Metallkugeln, ca. Ø 570 µm. Rechts: Mikrokugeln aus Polystyren-Latex, ca. Ø 90 µm.

Während die Metallkugeln gerade noch manuell mit einer Pinzette auf die Greifer geklebt werden können, wurde für das Anbringen der 90-µm-Kugeln ein teleoperierter MINIMAN III eingesetzt. Abbildung 39 dokumentiert dieses weitere Beispiel eines erfolgreichen Robotereinsatzes, der wegen des benötigten Klebeprozesses unter dem Lichtmikroskop stattfand.

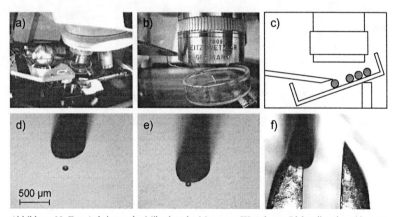

Abbildung 39: Das Anbringen der Mikrokugeln: MINIMAN III steht am Lichtmikroskop (a), unter dem ein Glasschälchen (b) mit Mikrokugeln schräg aufgestellt ist. Neben dem Glasschälchen, in (a) weiter vorn zu sehen, steht der zu bestückende, mit einer dünnen Klebstoffschicht versehene Mikrogreifer. Das Schema in (c) und die Mikroskopbilder (d) und (e) zeigen, wie eine einzeln liegende Mikrokugel durch Adhäsionskräfte mit einer im MINIMAN-III-Greifer eingespannten Nadel „gegriffen" wird. In (f) wird die zweite Kugel auf der linken Backe des ins Sichtfeld gefahrenen Mikrogreifers positioniert.

7.4 Lokale Sensorik 75

Als etwas problematisch stellte sich der dünne, mit der obligatorischen Goldbedampfung versehene, Klebstofffilm[31] auf dem Mikrogreifer heraus. Durch Ausgasungsprozesse im Vakuum wurde dieser Film porös, und es entstanden Risse (siehe Abbildung 44, Seite 79). Eine Alternative zum Klebstofffilm sind leitfähige, beidseitig klebende Folien, die zum Aufkleben von REM-Proben verwendet werden. Das Zurechtschneiden des zähen und im Verhältnis dicken Materials ist jedoch recht schwierig. Außerdem bleibt seine Oberfläche im Gegensatz zum abbindenden Klebstofffilm klebrig, so dass spätere Verunreinigungen nicht mehr entfernt werden können.

Zunächst wurde mit dem oben beschriebenen Verfahren genau eine Kugelmarkierung pro Greiferbacke eingesetzt. Dies ist die Mindestanzahl von Markierungen, die benötigt wird um die Position, die Lage und die Öffnung des Greifers eindeutig zu bestimmen, sofern die Korrespondenz der Kreise im Bild zu den Markierungen bekannt ist[32]. Eine etwas größere Anzahl von Markierungen (4–8 Mikrokugeln) ist jedoch vorteilhaft, da dadurch eine Redundanz gegeben ist und die Genauigkeit der Greifermessung verbessert wird. Außerdem lässt sich die aufwändige Handhabung von einzelnen Mikrokugeln vermeiden, da eine zufällige Anordnung mehrerer Mikrokugeln ausreicht. Dazu genügt es, die klebende Oberfläche eines Greifers in Kontakt mit einer glatten, mit Mikrokugeln bestreuten Fläche zu bringen. Die in Abbildung 42 sichtbaren Kugeln wurden auf diese Weise auf dem Greifer angebracht.

In der Praxis hat sich auch der gänzliche Verzicht auf Klebstoffe gut bewährt. Aufgrund der Skalierungseffekte reicht die Adhäsionskraft im Falle der 90-µm-Kugeln aus, um sie über einen längeren Zeitraum hinweg am Greifer zu halten. Selbst die in Abbildung 40 zu sehende Kugel, die nur an einer anderen haftet, blieb über etlichen Betriebsstunden unter dem Elektronenstrahl hinweg an dieser Stelle.

In jedem Fall müssen alle Mikrokugeln genau vermessen werden, damit aus ihren durch die Bildverarbeitung gewonnenen Positionen auf die Lage des Robotergreifers geschlossen werden kann. Es ist zweckmäßig, die erforderlichen Messungen in REM-Bildern der Greiferspitze vorzunehmen. Abbildung 40 zeigt beispielhaft Bilder zum Vermessen der Kugelpositionen, die wieder als einzelne Frames im Frame-Baum des Robotermodells gespeichert werden.

---

[31] Um ihn dünn genug auf dem Greifer aufbringen zu können, wurde ein handelsüblicher Klebstoff mit Aceton verdünnt.

[32] Über die globale Sensorik weiß man z.B., aus welcher Richtung der Greifer ins REM-Bild hineinragt, und damit welches die linke und welches die rechte Kugel ist. Dies wird genauer in Abschnitt 7.4.4 besprochen.

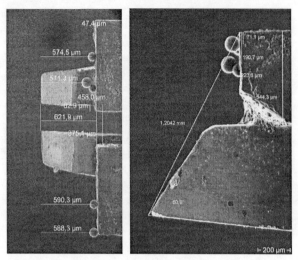

Abbildung 40: Vermessung der Mikrokugeln. Links Draufsicht, rechts Seitenansicht des Greifers.

7.4.3 Einlesen der REM-Bilder

Die REM-Bilder, in denen die Mikrokugeln automatisch erkannt werden sollen, werden zunächst durch die in Abschnitt 5.3.4 beschriebene Methode eingelesen. Der Elektronenstrahl kann dazu den gesamten Bildbereich des REMs mit einer Auflösung von 16.384×16.384 Pixeln abrastern.

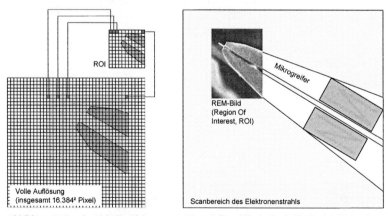

Abbildung 41: Scanbereich des Elektronenstrahls und *Zoom*-Prinzip des ROIs (*region of interest*).

Stellt man diesen *Scanbereich* des REMs z.B. auf eine Größe von etwa $4 \times 4 \text{ mm}^2$ ein, erhält man eine Auflösung von 0,25 µm pro Pixel. Um REM-Bilder in ausreichender Geschwindigkeit zu erhalten, muss die Auflösung, der Bildausschnitt oder beides stark verkleinert werden. Man erhält dann ein Fenster (ROI, *region of interest*) von beispielsweise 256 × 256 Pixeln. Diese Bildgröße ist auch für eine Echtzeit-Bildverarbeitung sinnvoll. Abbildung 41 veranschaulicht die Wahl der ROI-Parameter für den Kompromiss zwischen Auflösung und Bildausschnitt. Im Beispiel wird durch das ROI-„Fenster" jedes dritte Pixel für das REM-Bild abgerastert. Es ergibt sich eine dreimal niedrigere Auflösung mit entsprechend größerem Bildausschnitt bei einer konstanten Pixelanzahl [Schmoeckel 2001 b].

Abbildung 42: Mikrogreifer mit Markierungen, gesamter Scan-Bereich des REMs mit exemplarisch hervorgehobenen ROI. Gemessen an der vollen Auflösung decken diese kleinen Ausschnitte jeweils Bereiche von 1024^2 Pixeln ab. Die großen, Z-förmigen Nuten auf dem Greifer sind Markierungen für die in Abschnitt 7.4.6 beschriebene Höhenmessung.

Entsprechend der Genauigkeit, mit der die Position des Mikrogreifers durch die globale Positionierung bekannt ist, wird zu Beginn der lokalen Bilderkennung ein ROI gewählt, das auf jeden Fall die Greifermarkierungen beinhaltet. Während des anschließenden Trackings wird nach der erfolgreichen Greifererkennung der Bildausschnitt verkleinert und gleichzeitig durch „Heranzoomen" die Auflösung erhöht. Es ist sogar möglich, für jede der Mikrokugeln ein einzelnes, kleineres ROI einzulesen. Abbildung 42 zeigt als Beispiel den gesamten Scanbereich des REMs, in dem verschiedene ROI eingezeichnet sind.

7.4.4 Erkennung der Mikrokugeln im REM-Bild

Zur automatischen Erkennung der Mikrokugeln wird die in Abschnitt 4.3.1 beschriebene Hough-Transformation für Kreise eingesetzt, der eine Kantenextraktion durch den optimierten Sobeloperator nach [Scharr 1996] voraus geht (Abbildung 43, links). Da der Radius r der gesuchten Kreise im Voraus bekannt ist, können bei der Transformation die Grenzen der dem Radius entsprechenden Dimension des Hough-Raums sehr eng gewählt werden. In der Regel genügt eine Toleranz von ±1 Pixel. Abbildung 43, rechts, zeigt die dem Kugelradius entsprechende Ebene des aus dem Gradientenbild des Mikrogreifers berechneten Hough-Raums.

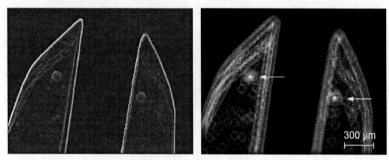

Abbildung 43: Aus Abbildung 38, rechts, erzeugtes Gradientenbild (links) und die dem Kugelradius entsprechende Ebene des Hough-Raums (rechts).

Der Hough-Transformation folgt ein Algorithmus, der die m hellsten Punkte im Hough-Raum sucht. Dazu wird m-mal das globale Maximum gesucht, seine Position gespeichert und seine Umgebung aus dem Hough-Raum gelöscht, damit kein Kreis doppelt detektiert wird. Aus den so gefundenen „potenziellen" Kreisen müssen anschließend die richtigen, den Mikrokugeln entsprechenden Kreise gewählt werden. Dies geschieht durch Ausschluss von falsch detektierten Kreisen anhand verschiedener Kriterien. Als erstes werden alle Kreise verworfen, deren Akkumulatorwert im Hough-Raum kleiner als ein vorgegebener Schwellwert ist. Als nächstes wird geprüft, ob sich zwei Kreise überlappen, also ob die Summe ihrer Radien größer als der Abstand ihrer Mittelpunkte ist. Da dies in den Bildern der Mikrokugeln nicht vorkommen kann (außer bei um fast 90° gekipptem Greifer), wird der Kreis mit dem kleineren Akkumulatorwert gestrichen. Für diesen Schritt kann auch eine relative Überlappung angegeben werden, die gerade noch toleriert wird. Dies kann im Falle eng beieinander liegender Mikrokugeln notwendig werden.

7.4 Lokale Sensorik

Im letzten Schritt wird die Umgebung der verbleibenden Kreise im Hough-Raum überprüft, die für die gesuchten Kreise im Verhältnis zum Akkumulatorwert sehr niedrige Werte aufweisen muss. Anders ausgedrückt: Die den Mikrokugeln entsprechenden Maxima im Hough-Raum treten stets isoliert auf, denn dies entspricht der Tatsache, dass das Innere der Mikrokugeln im REM-Bild stets dunkel und gleichförmig erscheint. Mit diesem Schritt werden die n Kreise ausgesucht, für die das Verhältnis von Akkumulatorwert zu Umgebung maximal ist, und daher diejenigen verworfen, die fälschlicherweise in stark strukturierten Bereichen des Gradientenbilds detektiert wurden, weil sie größere Akkumulatorwerte haben als die gesuchten Kreise. Abbildung 44 zeigt als Beispiel einen Mikrogreifer, bei dem der gealterte Klebstofffilm wie in Abschnitt 7.4.2 beschrieben viele Poren und Risse aufweist. Als Folge enthält das Gradientenbild Strukturen am Greiferrand, die zu sehr hellen Punkten im Hough-Raum führen. Solche die Bilderkennung erschwerenden Strukturen können natürlich auch während des Betriebs in der Umgebung des Mikrogreifers vorhanden sein. Das System arbeitet auch bei solchen Bedingungen zuverlässig.

Abbildung 44: Erschwerte Bedingungen für die Kreiserkennung: Mikrogreifer (links, original REM-Bild) mit stark strukturiertem Gradientenbild (Mitte). Die zu den Kugeln gehörenden Punkte im Hough-Ebenen-Bild (rechts) treten isoliert auf.

Die Mikrogreifererkennung im REM-Bild wurde im Rahmen von [Albe 2002] implementiert. Neben dem Toleranzbereich für den Kugelradius (abhängig von der am REM eingestellten Vergrößerung) müssen die in Tabelle 4 aufgeführten Parameter gegebenenfalls an die jeweiligen Mikrokugeln, die Greifer und deren Umgebung im REM-Bild angepasst werden.

Parameter	Beispielwerte
Helligkeitsschwellwert für die Hough-Transformation	Grauwert[33] 20
Anzahl m der im Hough-Raum zu suchenden Maxima	20
Zusätzlicher, relativer Schwellwert für die Maxima	0,2
Zusätzlicher, absoluter Schwellwert für die Maxima	Grauwert 0[34]
Größe der zu löschenden Umgebung eines gefundenen Maximums	10 Pixel
Toleranz für die relative Kreisüberlappung	0,05
Größe der Umgebung eines Maximums, deren Mittelwert als Kriterium für die „Isolation" des Maximums dient	10 Pixel
Anzahl n der Kreise, die zum Schluss übrig bleiben sollen	2

Tabelle 4: Parameter der Mikrokugelerkennung. Die angegebenen Werte wurden für die Beispielbilder in diesem Abschnitt verwendet.

Nach der Detektion aller n Kreise müssen diese den n Mikrokugeln eindeutig zugeordnet werden. Hierzu wird von den durch die globale Sensorik bekannten, groben Positionen des Greifers und der darauf angebrachten Kugeln ausgegangen. Als Kriterium für die richtige Zuordnung der ungenauen, aber bekannten Kugelpositionen zu den genauen, aber in zufälliger Reihenfolge vorliegenden detektierten Kreise dient die Summe der Quadrate der Abstände zwischen je einer lokal und einer global gemessenen Kugelposition. Unter diesen $n!$ Permutationen der paarweisen Zuordnung ist diejenige die richtige, bei der die Summe der Abstandsquadrate am kleinsten ist.

Ist die richtige Zuordnung einmal gefunden, kann sie über die in Kapitel 8 beschriebene Sensordatenfusion weiter aufrecht erhalten werden. Dabei wird die gesamte Konfiguration des Roboters mit den genauen Werten der lokalen Sensorik aktualisiert.

Besonders wichtig ist die Zuverlässigkeit der Messungen. Es muss vermieden werden, dass falsch erkannte Kreise als Messungen benutzt werden. Dazu bietet sich eine Plausibilitätsprüfung anhand der Abstände zwischen den Mikrokugeln an. Schlägt diese Abstandsprüfung fehl, muss die Messung verworfen werden. Während des Trackings kann dies ab und zu vorkommen, ohne dass der Mikrogreifer gänzlich verloren wird, siehe Kapitel 8.

Die für die Kreiszuordnung und die Aktualisierung der Roboterkonfiguration benötigte Umrechnung zwischen Bild- und Weltkoordinaten geschieht mit Hilfe der in Abschnitt 7.4.7 beschriebenen Kalibrierung. Die Genauigkeit der Mikrokugelerkennung beträgt ca. ±1 Pixel. Mögliche Fehlerquellen, und wie sie sich auf die Gesamtgenauigkeit der Roboterpositionierung auswirken, werden in Kapitel 9 untersucht.

---

[33] Grauwerte zwischen 0 (schwarz) und 255 (weiß)

[34] Hängt von Kontrast und Helligkeit des REM-Bildes ab. Mit einem Wert größer Null können falsch erkannte Kreise vermieden werden, wenn im Bild gar keine Kugeln zu sehen sind.

7.4.5 Konzept der Höhenmessung

Da das Mikroskopbild nur zweidimensionale Positionsinformationen liefert, ist für die Positionserkennung von Robotern in drei Dimensionen ein zusätzlicher Sensor für Tiefeninformationen notwendig. Das Installieren einer zweiten Elektronenkanone für ein zweites, laterales REM-Bild wie z.B. in [Hatamura 1995] oder [Mitsuishi 1996] ist jedoch sehr aufwändig. Das gleiche gilt für die Stereoskopie, die zusammen mit anderen Sensorprinzipien auf ihre Tauglichkeit für die 3D-Koordinatenbestimmung in einem Mikrorobotersystem geprüft wurden. Tabelle 5 gibt einen Überblick über die gängigen Verfahren unter Berücksichtigung der Besonderheiten im REM.

	Rechenaufwand	Genauigkeit	Messbereich	Greifermessung möglich	Kosten
Interferometrie	gering	hoch	klein[35]	bedingt[35]	hoch
Laufzeitverfahren	gering	gering[36]	groß	ja	hoch[36]
Fokussuche	hoch	gering[37]	groß	ja	gering
Stereoskopie	hoch	mittel	groß	ja	hoch[38]
Triangulation	mittel	mittel	groß	ja	gering[39]
[Reimer 1982] (siehe Text)	gering	hoch	groß	nein	mittel

Tabelle 5: Verfahren zur Gewinnung von Tiefeninformationen. Die Kriterien, die zum Ausschluss der Verfahren geführt haben, sind grau unterlegt.

---

[35] Aufgrund der Periodizität eines Interferenzbildes ist eine eindeutige (absolute) Höhenzuordnung nur innerhalb einer (für Messungen im Mikrobereich sehr kleinen) Wellenlänge möglich. Messungen darüber hinaus können nur relativ, also durch Zählung der Interferenzstreifen vorgenommen werden.

[36] Auch mit großem Aufwand für die Signalverarbeitung wäre die Genauigkeit sehr gering: Die Laufzeit von Elektronen mit einer Energie von 1 keV müsste man für eine Messung im 100-µm-Bereich mit einer Genauigkeit von wenigen Pikosekunden messen.

[37] Die Fokussuche (*depth from focus*) ist in der Lichtmikroskopie ein recht genaues Verfahren, da es die kleine Schärfentiefe nutzt. Die Schärfentiefe ist im REM jedoch sehr groß, so dass keine hohe Genauigkeit von dem Verfahren zu erwarten ist.

[38] Für Stereobilder werden in der Rasterelektronenmikroskopie meist zwei Aufnahmen hintereinander bei unterschiedlichen Kippungen des Probenhalters aufgenommen, was für die Roboterpositionierung ungeeignet ist. Die Installation einer zweiten Elektronenkanone oder einer zusätzlichen Strahlumlenkung wäre erforderlich.

[39] durch das innovative Konzept der Elektronenstrahltriangulation. Konventionelle Lasertriangulation ist im REM ebenfalls denkbar, jedoch aufwändiger.

Das von [Reimer 1982] vorgestellte, REM-spezifische und wenig bekannte Messverfahren basiert auf der Integration des Differenzsignals zweier Sekundärelektronendetektoren. Durch die Abschirmspannung eines die REM-Probe umgebenden Rings oder Gitters können die Sekundärelektronen zunächst ihrer ursprünglichen Austrittsrichtung folgen, bevor sie von einem der beiden SE-Detektoren angezogen werden. Die SE-Detektoren stehen sich dabei genau gegenüber, so dass die Elektronen ihrem Austrittswinkel entsprechend getrennt werden. Aufgrund dieser Aufteilung der SE, und da die SE-Ausbeute von der Neigung der Probenoberfläche abhängt, ist das Differenzsignal der Detektoren proportional zur Steigung der Oberfläche in Richtung der Verbindungslinie zwischen den Detektoren. Um ein Höhenprofil entlang dieser Linie zu erstellen, muss man daher nur das Differenzsignal integrieren, ausgehend von einer bekannten Anfangshöhe. Aufgrund von Schatteneffekten entsteht an Stufen ein falscher Profilverlauf, wobei sich aber eine korrekte Stufenhöhe ergibt [Reimer 1998]. Bei einem Mikrogreifer, der sich über der Probenoberfläche befindet, versagt dieses Verfahren jedoch, da ohne die Schatteneffekte keine Höheninformationen aus dem Steigungsverlauf gewonnen werden können.

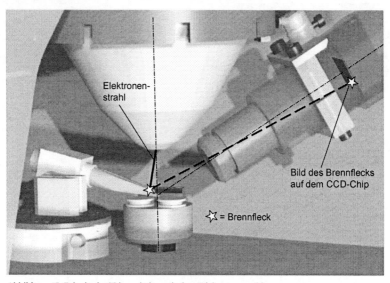

Abbildung 45: Prinzip der Triangulation mit dem Elektronenstrahl.

Ein gängiges und schnelles Sensorprinzip zur Höhenmessung ist die Lasertriangulation, die für die Mikroroboter auch unter dem Lichtmikroskop eingesetzt wird (vgl. Abschnitt 4.3.3). Im REM bietet es sich an, statt eines Lasers den Elektronenstrahl zu verwenden, der sehr schnell und flexibel digital positioniert werden kann. Hierfür wird mit Hilfe des in der Vakuumkammer installierten Miniaturmikroskops die lumineszierende[40] Spur des Elektronenstrahls aufgenommen. Abbildung 45 verdeutlicht das Prinzip dieses neuartigen Triangulationsverfahrens, durch das die Vorteile der Triangulation nach Tabelle 5 überwiegen. Durch die in Abschnitt 7.4.7 beschriebene Kalibrierung sind die Lage des Miniaturmikroskops und die des Elektronenstrahls bekannt. Daher kann eine Gerade durch das optische Zentrum des Miniaturmikroskops und das (zu detektierende) Bild des Brennflecks auf dem CCD-Chip konstruiert werden. Die räumliche Position des Brennflecks entspricht dem Schnittpunkt dieser Sichtgeraden mit der Geraden, auf der der Elektronenstrahl verläuft.

Die zu vermessenden Objekte – dies können neben den Endeffektoren der Roboter auch beliebige REM-Proben sein – müssen mit einer kathodolumineszierenden Substanz (*Szintillator*) versehen werden, um ein ausreichend helles Leuchten des Brennflecks zu erreichen. Beschichtet man eine Probe mit solch einem Material, kann durch das Triangulationsprinzip ein Höhenprofil der Probe während des Einlesens des REM-Bilds erstellt werden. Dieser vielversprechende Gedanke gab Anlass für erste Versuche im Rahmen dieser Arbeit. Als stark szintillierendes Material kam dabei das Szintillatorpulver „P47" zum Einsatz, ein mit Cerium aktiviertes Yttrium-Silikat ($Y_1Si_2O_7$:Ce^{3+}), das für Elektronendetektoren eingesetzt wird. Abbildung 46 zeigt ein Mikrozahnrad, das durch einen Sedimentierungsprozess mit dem Pulver beschichtet wurde. Dazu wurde in einem Behälter das Pulver in Alkohol gemischt. Nachdem sich die gröbsten Bestandteile abgesetzt hatten, wurde ein Probenteller mit dem Zahnrad in den Behälter gelegt. Während des langsamen Ablassens des Alkohol-Pulver-Gemischs setzte sich das Pulver gleichmäßig auf der Probe ab. Um Aufladungseffekte zu vermeiden, wurde die Probe schließlich wie üblich mit Gold bedampft. Die Goldschicht darf nicht zu dick sein, da sie lichtdurchlässig bleiben muss. Die während der Abrasterung des Elektronenstrahls aufgenommenen Bilder des Miniaturmikroskops in Abbildung 46 sind recht erfolgversprechend. Das REM-Bild zeigt jedoch, dass eine pulverförmige Schicht für REM-Proben ungeeignet ist, sofern man gleichzeitig zum Höhenprofil auch ein normales REM-Bild der Proben aufzeichnen möchte. Die Körnigkeit des Pulvers macht sich auch in Abbildung 46, Mitte, an der Unregelmäßigkeit der Elektronenstrahllinie bemerkbar. Weil der Probenteller des Zahnrads während der Beschichtung gekippt war, sieht man außerdem im oberen Teil des REM-Bilds den nachteiligen „Schattenwurf" des Sedimentierens.

---

[40] Generell tritt Kathodolumineszenz im REM immer auf, vgl. Abschnitt 4.2. Wie im Folgenden noch beschrieben wird, ist sie jedoch nur bei bestimmten Stoffen mit einer Kamera sichtbar.

84 Entwicklung eines REM-basierten Positionssensorsystems

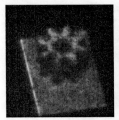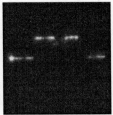

Abbildung 46: Mit Szintillatorpulver beschichtetes Mikrozahnrad (Ø 500 µm). Bilder des seitlichen Miniaturmikroskops während eines schnellen Scans des REM-Bilds (flächig, links) und bei einem einzelnen Linienscan des Elektronenstrahls (Mitte). Rechts: REM-Bild des Mikrozahnrads (aus der „Blickrichtung" des Elektronenstrahls).

Um die Nachteile des Pulvers zu vermeiden, wurden verschiedene andere Stoffe und Beschichtungsverfahren untersucht, deren Kombination jedoch in keinem Fall realisiert werden konnte. Zwar gibt es verschiedene Sprühverfahren, mit denen dünne Phosphorfilme hergestellt werden können (z.B. [Gilliland 1967], [Golego 2000]). Da aber die Herstellung stark szintillierenden Stoffe stets hohe Prozesstemperaturen benötigt, ist das direkte Abscheiden eines Szintillators als Schicht auf beliebigen REM-Proben nicht möglich. Am ehesten kommt eine Beschichtung aus so genannten Plastikszintillatoren in Frage, da sie sich in verschiedenen Lösungsmitteln auflösen lassen. Dies würde den Einsatz des *electro-sprayings* erlauben, eines kostengünstigen Beschichtungsverfahrens, das darauf basiert, dass ein langsamer Strom von Lösungsmittel unter hoher elektrischer Spannung in extrem feine Tröpfchen zerfällt. Durch die schnelle Verdunstung des Lösungsmittels lagert sich der ursprünglich gelöste Stoff direkt in fester Phase und als sehr feiner Film auf der Probe ab [Brunix 1961], [Robinson 1966]. Die Kathodolumineszenz handelsüblicher Plastikszintillatoren erwies sich jedoch als zu schwach für die Empfindlichkeit des im Miniaturmikroskop eingesetzten CCD-Chips.

7.4.6 Greiferhöhenmessung durch Elektronenstrahltriangulation

Um das Prinzip der Elektronenstrahltriangulation für die noch fehlende Bestimmung der Greiferhöhe einzusetzen, müssen geeignete, szintillierende Markierungen auf dem Greifer angebracht werden. Naheliegend ist die Idee, die für die REM-Bilderkennung eingesetzten Mikrokugeln direkt aus Szintillatormaterial herzustellen. Während des regulären Rasterns des REM-Bilds würden solche Markierungen im Bild des Miniaturmikroskops als aufleuchtende Punkte erscheinen. Dies scheitert jedoch zum einen an ähnlichen Problemen, wie sie auch bei den Beschichtungsverfahren auftreten. Zum anderen würde der Elektronenstrahl nur als „Beleuchtung" dienen, und die verfügbare Information über seine Position könnte nur indirekt über die Mikrokugelerkennung im REM-Bild genutzt werden.

Um möglichst viel Information über die Greiferlage durch die Elektronenstrahltriangulation zu gewinnen, wurde daher eine Z-förmige Markierungsform entworfen. Diese Z-

7.4 Lokale Sensorik   85

Muster wurden in Form von mikrostrukturierten Siliziumchips realisiert, in die ca. 2 mm lange Nuten geätzt wurden. Diese Nuten lassen sich mit dem Szintillatorpulver P47 füllen. Auf jede Greiferbacke wird ein Z-Muster als Markierung aufgeklebt. Nach der Goldbedampfung muss die Lage der Linien des Musters wie die Mikrokugeln im REM-Bild vermessen werden. Wird der Elektronenstrahl nun in einer Linie über diese Muster geführt, sind im Bild des Miniaturmikroskops insgesamt bis zu sechs leuchtende Punkte zu sehen (Abbildung 47), die Aufschluss über die Greiferlage geben. Wichtig hierbei ist, dass die Genauigkeit der Messung abhängig vom Winkel zwischen optischer Achse des Miniaturmikroskops und der aufgespannten Elektronenstrahlebene ist. Im Idealfall sollte er 90° betragen. Liegt die Elektronenstrahlebene parallel zu dieser Achse, in deren Richtung ja gemessen werden soll, ist keine Höhenbestimmung möglich.

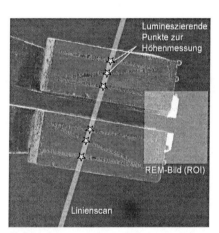
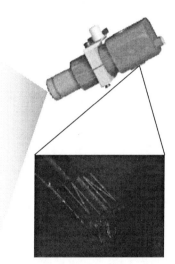

Abbildung 47: Schema des Sensorprinzips: Links ist der gesamte Scanbereich des Elektronenstrahls abgebildet, in dem auch ein ROI für das REM-Bild eingelesen wird. Rechts unten ist ein Bildausschnitt des Miniaturmikroskops zu sehen, das den Scanbereich von schräg oben erfasst.

In der Dunkelheit der Probenkammer lassen sich die Pixelkoordinaten der Leuchtpunkte im Mikroskopbild durch eine einfache Schwellwertsegmentierung ermitteln, analog zur in Abschnitt 4.3.1 beschriebenen LED-Erkennung. Nach dem Triangulationsprinzip kann nun die Position der Punkte im Raum bestimmt werden: Der Linienscan des Elektronenstrahls spannt eine Ebene auf, deren Lage durch die REM-Kalibrierung bekannt ist. Die Position eines Leuchtpunkts ist dort, wo die Sichtgerade seines Bildes im Miniaturmikroskop diese Ebene schneidet. Unter Annahme dieser analytischen Positionsbestimmung werden im Folgenden die Bedingungen erläutert, die sich durch die Leuchtpunkte für die Greiferlage ergeben. Diese können wieder direkt für eine initiale Positionserkennung verwendet werden. Während des Trackings aber ergeben sich diese Bedingungen durch die in der Sensordatenfusion verwendeten Beobachtungsmodelle (Abschnitt 8.2), ohne dass sie wie hier beschrieben in expliziten Berechnungen realisiert werden müssen.

Das Korrespondenzproblem der auf einer Linie angeordneten Punkte kann analog zur Zuordnung der Mikrokugeln unter Zuhilfenahme der groben Information durch die globale Sensorik erfolgen. Sind die Positionen aller sechs Leuchtpunkte bekannt, bestimmen sie nicht nur die Höhe des Greifers an der betreffenden Stelle, sondern fast die gesamte Greiferkonfiguration inklusive der Greiferöffnung, denn aufgrund der gewählten Z-Form der Markierungen geben die Abstände zwischen den Leuchtpunkten Auskunft über ihre Lage auf dem Z-Muster. Hierzu wendet man den Strahlensatz auf die Musterlinien und die Verbindungslinie der Punkte an. Um den letzten Freiheitsgrad, die Rotation um die von den Punkten aufgespannte „Achse", zu bestimmen, gibt es verschiedene Möglichkeiten. Benutzt man die Daten der globalen Positionierung, erhält man die Höhe der Greiferspitzen aufgrund der Hebelverhältnisse mit im Vergleich zur globalen Positionierung höherer Genauigkeit. Alternativ kann eine zweite Linie mit dem Elektronenstrahl abgefahren werden. Aufgrund der Redundanz der Messungen kann dadurch die Genauigkeit verschiedener Parameter noch gesteigert werden. Allerdings muss dazu die Lage der Z-Muster bereits gut bekannt sein, um einen möglichst großen Abstand der Linienscans einstellen zu können. Die dritte Möglichkeit bedient sich der sehr genauen 2D-Informationen der REM-Bildverarbeitung. Hierzu wird der Schnittpunkt der Sichtlinie des REM-Bilds zur Greiferspitze mit einer Kugeloberfläche berechnet, deren Mittelpunkt einer der gefundenen Triangulationspunkte ist. Je höher das Z-Muster dabei über der Greiferspitze liegt, desto genauer ist die Bestimmung der Greiferhöhe [Schmoeckel 2001 b]. Die Gesamtheit aller Sensorinformationen bestimmt die Lage des Greifers nun sehr genau, wie in Kapitel 9 noch quantitativ untersucht wird.

7.4.7 Kalibrierung

Für die lokale Positionssensorik müssen Parameter wie die Lage des Miniaturmikroskops oder die Skalierung des REM-Bilds möglichst genau bekannt sein. Sie werden durch eine Kalibrierung des REMs und des Miniaturmikroskops bestimmt. Hierfür wurden die im Folgenden beschriebenen Methoden entwickelt und – zum Teil im Rahmen von [Kiefer 2001] – realisiert.

Das REM muss sowohl für die Mikrokugelerkennung als auch für die Elektronenstrahltriangulation kalibriert werden. Da der Elektronenstrahl in Pixelkoordinaten des REM-Bilds gesteuert wird, ist eine Transformation von Pixel- in metrische Koordinaten (Weltkoordinaten) notwendig. Abbildung 48 zeigt die verschiedenen Koordinatensysteme, die im REM definiert wurden.

Die für REM-Bilder übliche Kalibrierung geschieht mittels mikrostrukturierter Kalibrierungsraster und stellt den Zusammenhang zwischen der Größe eines Bildpunktes und den am REM eingestellten Parametern her. Letztere sind z.B. die Vergrößerung und die

7.4 Lokale Sensorik

Fokussierung. Für den üblichen Einsatz des REMs – die Bildaufnahme – genügt diese schon in der Software und Elektronik des REMs integrierte Kalibrierung, um im REM-Bild Abstände zu messen. Die Höhe, in der das Koordinatensystem des REM-Bilds nun liegt, entspricht dem fokussierten Arbeitsabstand, den die REM-Steuerung aus der Fokussierung des Elektronenstrahls berechnet. Für die Transformation des REM-Bilds ins Weltkoordinatensystem muss nun zusätzlich noch die Bilddrehung bekannt sein. Sie resultiert aus dem Prinzip der Elektronenoptik mittels Magnetlinsen (in denen sich die Elektronen auf Spiralbahnen bewegen), ist abhängig von der Fokusebene und wird im eingesetzten älteren Rasterelektronenmikroskop noch nicht automatisch kompensiert. Zur Bestimmung der Bilddrehung wurden REM-Bilder eines Kalibrierungsgitters mit verschiedenen Fokuseinstellungen aufgenommen. Aus der anschließenden Messung der Bilddrehung wurde der Zusammenhang zwischen Winkel und fokussiertem Arbeitsabstand ermittelt.

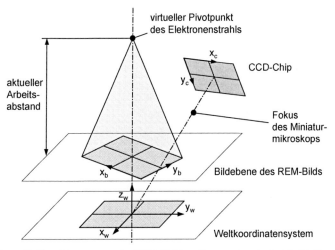

Abbildung 48: Koordinatensysteme im REM: Weltkoordinatensystem (x_w, y_w, z_w), Pixelkoordinaten des REM-Bilds (x_b, y_b) und Pixelkoordinaten des CCD-Chips des Miniaturmikroskops (x_c, y_c).

Der Elektronenstrahl scheint beim Rastern des Bildes stets aus einem Punkt zu kommen, dem *virtuellen Pivotpunkt*[41]. Es liegt also eine Zentralprojektion vor, die sich auch darin äußert, dass die Vergrößerung vom Arbeitsabstand abhängt. Während Messungen ergaben, dass diese Zentralprojektion praktisch keine Verzerrungen des REM-Bilds zur Folge

---

[41] In Wirklichkeit bewegen sich die Elektronen innerhalb der Linsen auf gekrümmten Bahnen. Der virtuelle Pivotpunkt ist der gedachte Schnittpunkt der außerhalb des Linsensystems geradlinig verlaufenden Trajektorien.

hat, ist die Lage des virtuellen Pivotpunktes für die Elektronenstrahltriangulation wichtig, denn sie wird benötigt, um die Elektronenstrahlebene bei einem Linienscan zu bestimmen. Aufgrund des rotationssymmetrischen Aufbaus des REMs liegt der virtuelle Pivotpunkt genau über der Mitte des REM-Bilds. Es muss daher nur seine Höhe gemessen werden. Diese ändert sich allerdings mit der Fokussierung des Elektronenstrahls, so dass letztere bei der Kalibrierung berücksichtigt werden muss. Die Methode zur Bestimmung des virtuellen Pivotpunktes ist in Abbildung 49 veranschaulicht. Ein Objekt – ein möglichst dünner Draht – wird auf der Mittelachse des REM-Bilds und in der Höhe h über der fokussierten Objektebene positioniert. Wird es um die Länge B horizontal versetzt, so sieht es auf dem aufgenommenen REM-Bild aus, als sei es um den Betrag A verschoben worden. Sowohl B als auch A werden im REM-Bild vermessen. Über den Strahlensatz kann schließlich die Höhe H des Pivotpunktes berechnet werden:

$$\frac{B}{A} = \frac{H-h}{H} \quad \Rightarrow \quad H = \frac{h \cdot A}{A-B} \tag{7.1}$$

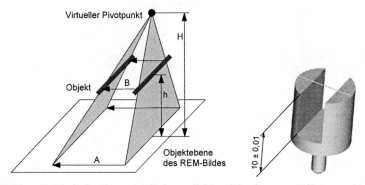

Abbildung 49: Prinzip der Pivotpunktkalibrierung (links) und das eingesetzte Kalibrierungsobjekt (rechts).

Um eine messbare und möglichst große Differenz zwischen realer und gemessener Verschiebung zu erhalten, muss die Höhe des Objekts im makroskopischen Bereich liegen. Gleichzeitig muss die horizontale Ausdehnung sehr klein sein, damit eine genaue Messung im REM-Bild durchgeführt werden kann. Abbildung 49, rechts, zeigt das Kalibrierungsobjekt, das für die Pivotpunktbestimmung hergestellt wurde. Über die 10 mm tiefe Nut wurde anstelle eines Drahtes ein sehr dünner Klebstofffaden gespannt.

Bei sehr hohen Raster-Geschwindigkeiten muss die Trägheit der Magnetlinsen berücksichtigt werden. Zum einen kann es aufgrund von Hysterese-Effekten am linken Bildrand zu starken Verzerrungen kommen, da die Magnetfelder der Elektronenoptik jedes Mal nach dem Abtasten einer Zeile (von links nach rechts) für die nächste Zeile schlagartig umgekehrt werden. Die ersten Punkte einer Zeile müssen daher verworfen werden, bis

7.4 Lokale Sensorik

die Bewegung des Elektronenstrahls ausreichend gleichförmig ist. Zum anderen erscheint das REM-Bild bei hohen Bildraten leicht nach links versetzt, was dann in der Kalibrierung durch eine entsprechende Nullpunktverschiebung ausgeglichen werden muss.

Für die Kalibrierung des Miniaturmikroskops sind die 11 Parameter des Kameramodells nach Tsai zu bestimmen. Dies kann wie in Abschnitt 4.3.2 beschrieben mit Hilfe eines Rasters geschehen. Abbildung 50 zeigt das Kamerabild eines kleinen Kalibrierungsgitters, das zusätzlich mit dem Szintillatorpulver beschichtet wurde [Kiefer 2001]. Zur Veranschaulichung der erfolgreichen Kalibrierung aller Parameter im REM wurde das Bildkoordinatensystem des REM-Bilds eingeblendet. Außerdem erkennt man die Übereinstimmung zwischen der im Kamerabild eingeblendeten Linie und der daraus resultierenden realen Elektronenstrahllinie, die auf dem beschichteten Raster aufleuchtet.

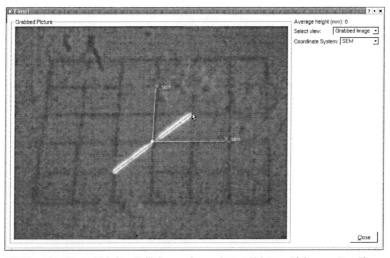

Abbildung 50: Kamerabild eines Kalibrierungsgitters mit ausgerichtetem Linienscan. Der Gitterabstand beträgt 1 mm.

Die hiermit durchgeführte koplanare Kalibrierung erwies sich jedoch für höhere Vergrößerungen des Miniaturmikroskops als zu ungenau. Daher wurde eine Methode entwickelt, die die notwendigen Eingabepunkte mit Hilfe des Elektronenstrahls auf verschiedenen Ebenen wie folgt erzeugt. Die in Abbildung 51 gezeigte stufenförmige Kalibrierungsprobe wurde mit dem schon beschriebenen Sedimentierungsprozess (Seite 83) mit Szintillatorpulver beschichtet. Für das Kalibrierungsverfahren wird dann zunächst ein REM-Bild aufgenommen, das die Draufsicht auf die Probe liefert. In diesem Bild legt der Benutzer Linien entlang der Stufen fest, wobei zusätzlich die bekannte Stufenhöhe eingegeben wird. Schließlich wird der Elektronenstrahl entlang der vorgegebenen Linien auf viele einzelne Punkte gesteuert, deren genaue 3D-Position durch die bereits vorhandene

Kalibrierung des REM-Bilds bekannt ist. Im Kamerabild des Miniaturmikroskops werden währenddessen die Positionen des hell leuchtenden Brennflecks mittels Schwellwertsegmentierung erkannt, mit denen dann die für den Tsai-Algorithmus benötigten Eingabewerte vorliegen.

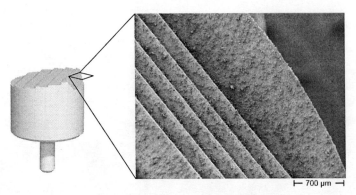

Abbildung 51: Die für die Kalibrierung des Miniaturmikroskops entwickelte, durch Funkenerosion hergestellte Probe.

Neben der genaueren und nicht-koplanaren Kalibrierung bietet dieses Verfahren den Vorteil, dass die Kalibrierungssysteme von REM und Miniaturmikroskop von vornherein identisch sind.

Um eine größere Flexibilität bei der Kalibrierung der einzelnen Sensoren zu erreichen, wurde für jeden Sensor ein zusätzlicher Frame im Kinematikmodell des Robotersystems (Abschnitt 4.3.4, Seite 27) vorgesehen, in dem die jeweiligen Kalibrierungspunkte vorgegeben werden. Somit müssen nicht alle Sensoren direkt in Weltkoordinaten kalibriert werden. Dies ermöglicht insbesondere das nachträgliche Justieren der Kalibrierung der globalen REM-Kamera zu der hier beschriebenen lokalen Sensorik. Dies ist deshalb zweckmäßig, weil das globale Kalibrierungsgitter nur verhältnismäßig grob relativ zum REM-Bild ausgerichtet werden kann.

Die durch die Kalibrierung erzielten Genauigkeiten und ihre Auswirkungen auf die Gesamtgenauigkeit des Systems werden in Kapitel 9 zusammengestellt und analysiert.

7.5 Ergebnisse und Diskussion

Nach der Analyse der verschiedenen Messprinzipien, die für die Positionsbestimmung mobiler Mikroroboter im REM in Frage kommen, wurde ein Sensorsystem entwickelt, das basierend auf dem REM die genaue Messung aller Freiheitsgrade der mobilen Mikroroboter ermöglicht. Da jeder einzelne Sensor auf der Auswertung von zweidimensionalen

Bilddaten basiert, wird die im nächsten Kapitel beschriebene Sensordatenfusion benötigt, die alle Informationen nutzt, um die gesamte Roboterkonfiguration zu berechnen. Die lokale Sensorik erfasst die Position eines Robotergreifers im REM-Bild. Daher erhält man auch lokal eine sehr genaue Positionsbestimmung relativ zu den in der Mikroszene sichtbaren Objekten. Durch Nutzung des REM-Bilds selbst wird eine der jeweils gewählten Rasterauflösung entsprechende Genauigkeit erreicht. Da das REM-Bild jedoch nur zweidimensionale Positionsinformationen liefern kann, wurde die Elektronenstrahltriangulation für Höhenmessungen entwickelt. Sie basiert letztlich auf der Auswertung von *Licht*-Mikroskopbildern, wodurch die erreichbare Messgenauigkeit im Vergleich zur REM-Bildauswertung eingeschränkt ist.

Durch die Verwendung von gut detektierbaren Markierungen konnte nicht nur eine robuste, sondern auch recht schnelle[42] Bilderkennung realisiert werden. Der Tatsache, dass die Sensoren unterschiedliche und unregelmäßige Rechenzeiten benötigen, wird in der Sensordatenfusion Rechnung getragen.

Trotz der erreichbaren Präzision der entwickelten Sensorik ist der Aufwand für die Integration in ein konventionelles REM verhältnismäßig gering, da er sich auf die Installation der zwei Kameras beschränkt, die auch für die ungeregelte Teleoperation der Roboter von Nutzen sind. Aufwändiger gestaltet sich die Realisierung der mikroskopischen Markierungen auf den Mikrogreifern. Eine schon in Abschnitt 5.5 (Seite 45) erwähnte Greiferherstellung durch Methoden der Mikrosystemtechnik würde auch hier Abhilfe schaffen. Zumindest die Nuten der Z-Muster könnten direkt im Greifer integriert werden. In diesem Fall wäre es leicht möglich, auch weitere kleinere und näher an der Greiferspitze liegende Z-Markierungen zu integrieren. In Verbindung mit einem Zoomobjektiv für das Miniaturmikroskop könnte dann zwischen verschiedenen Genauigkeiten und Arbeitsbereichen umgeschaltet werden.

---

[42] Zum Beispiel benötigt die Mikrokugelerkennung auf einem Dual-Pentium 3, 1000 MHz je nach Komplexität des REM-Bilds bis zu 0,3 Sekunden (bei Bildern wie in Abbildung 44). Sowohl software- als auch hardwareseitig ist hier genügend Optimierungsspielraum, um die gestellten Anforderungen für den Echtzeitbetrieb zu erfüllen.

8 Entwicklung der Sensordatenfusion

Jeder der Sensoren des Mikrorobotersystems liefert durch seine Messungen Bedingungen für die Positionen der Roboter. Damit das Robotersystem beobachtbar ist, muss die Zusammenstellung der Sensoren und die Abfolge ihrer Messungen gewährleisten, dass diese Bedingungen die Roboterkonfigurationen im zeitlichen Mittel sicher bestimmen bzw. überbestimmen. Ein Sensor, der z.B. eine einzelne Markierung in einem Kamerabild detektiert, liefert zwei Messwerte: die x- und die y-Pixelkoordinate des Bildes der Markierung. Über die Abbildungsgleichungen der Kamera und die Kinematik des Roboters stellen sie zwei Bedingungen für die Roboterkonfiguration dar. Aufgabe der Sensordatenfusion ist nun, mit Hilfe jeder einzelnen durch die Sensormessungen ermittelten Bedingung die Roboterkonfiguration zu aktualisieren.

Das Verfahren der Wahl für die Sensordatenfusion ist eine Kalman-Filterung nach dem in Abschnitt 4.3.5 (Seite 28) erläuterten SCAAT-Prinzip. Hierzu muss der Zusammenhang zwischen Roboterkonfiguration und Messung modelliert werden. Für jeden Sensor ist daher ein Beobachtungsmodell (Abschnitt 8.2) zu entwickeln, das die Messung als Funktion der Roboterkonfiguration vorhersagen kann. Außerdem wird ein dynamisches Modell (Systemmodell, Abschnitt 8.1) benötigt, das den zeitlichen Verlauf der Roboterbewegung (Systemzustand) vorhersagt. In Form von Kovarianzmatrizen müssen Aussagen über die Genauigkeiten der Sensoren und des Systemmodells getroffen werden. Für den flexiblen Betrieb der unterschiedlichen Sensoren (Anforderung 5 aus Abschnitt 7.1) muss eine Softwarearchitektur entworfen werden, die der Modularität und den Eigenschaften der eingesetzten Sensoren gerecht wird. Aufgrund der für die Sensorik notwendigen Bildverarbeitung müssen dabei mögliche Sensorausfälle und Totzeiten zwischen Messzeitpunkt und Erhalt der berechneten Messergebnisse berücksichtigt werden. Um die Echtzeitfähigkeit des Systems zu gewährleisten (Anforderung 3), muss das System die Parallelverarbeitung von Sensorik und Robotersteuerung unterstützen (Abschnitt 8.3).

Im Folgenden werden die Vorteile der Kalman-Filterung zusammengefasst. Die Systemarchitektur muss derart konzipiert sein, dass diese Eigenschaften auch optimal ausgenutzt werden.

- Die einzelnen Messungen werden entsprechend ihrer Genauigkeit gewichtet. Ein genauer Sensor hat größeren Einfluss auf den Systemzustand als ein ungenauer. Das Beobachtungsmodell bestimmt, wie stark die Schätzung jeder einzelnen Zustandsvariablen durch eine Messung beeinflusst wird. Eine Zustandsvariable, die z.B. keinen Einfluss auf die Position einer detektierten Markierung hat, kann also auch nicht durch diese Sensormessung bestimmt werden. Ihr Wert kann für den Messzeitpunkt nur durch das Systemmodell vorhergesagt werden. Die Genauigkeit der einzelnen Zustandsgrößen (die Fehlerkovarianzmatrix P des Zustandsvektors) wird entsprechend durch die Kalman-Filterung laufend berechnet. Die Ungenauigkeit einer nicht beobachtbaren Komponente wird also durch die betrachtete Messung nicht verringert, wohl aber die derjenigen Größen, die im Beobachtungsmodell einen Einfluss auf den Messwert haben.

- Die Gesamtheit der Messungen und der Modelle sowie die Kenntnis ihrer statistischen Eigenschaften ermöglicht es, die gesamte Roboterkonfiguration (allgemeiner: den Systemzustand) zu bestimmen (Anforderung 2, Seite 68) und das Messrauschen der Sensoren bestmöglich herauszufiltern.

- Für eine Zustandsschätzung muss nicht auf das Resultat aller zur vollständigen Bestimmung der Roboterkonfiguration benötigten Messungen gewartet werden; denn jede einzelne Messung kann sofort zur Aktualisierung des Zustandsvektors genutzt werden.

- Mit Hilfe des dynamischen Systemmodells kann die Kalman-Filterung den Zustand auch für Zeitpunkte zwischen einzelnen Messungen schätzen. Diese Vorhersagen basieren stets auf den aktuellsten Sensordaten.

- Über den Roboterzustand hinaus können weitere Parameter des Systems durch Erweitern des Zustandsvektors geschätzt werden. Mit Hilfe dieser so genannten Autokalibrierung können z.b. schwer bestimmbare Konstanten in den Modellen bei jeder Messung präzisiert werden.

- Da für eine Zustandsschätzung stets nur die in Form des Zustandsvektors und der Fehlerkovarianzmatrix gespeicherten Informationen des letzten Messzeitpunkts benötigt werden, weist die Kalman-Filterung eine sehr gute Echtzeitfähigkeit auf. Der benötigte Rechenaufwand ist im Vergleich zum Verarbeitungsaufwand der Sensoren gering.

- In den Modellen und während der Messungen sind systematische und statistische Fehler unvermeidlich. Die Kalman-Filterung ist innerhalb weiter Grenzen sehr robust gegen diese Fehler.

8.1 Systemmodell

Ziel des Systemmodells ist es, die Dynamik eines Roboters möglichst genau vorherzusagen. Dadurch kann die Genauigkeit des Kalman-Filters erhöht werden, da Wissen über die Roboterbewegung mit in die Sensordatenfusion einfließt. Darüber hinaus ist eine Vorhersage der Roboterposition für alle Sensoren bei der Verfolgung der Robotermarkierungen wie LEDs oder Mikrokugeln enorm hilfreich, da der Suchraum (ROI) für jede Markierung und damit der Rechenaufwand während des Trackings stark verkleinert werden kann. In den Abschnitten 8.1.1 und 8.1.2 wird zunächst ein sehr einfaches Systemmodell vorgestellt, das mit dem Mikrorobotersystem im Rahmen von [Ziegler 2003] erprobt wurde. Anschließend werden mögliche Verfeinerungen des Modells aufgrund einer genaueren Analyse der Roboterbewegung vorgestellt.

8.1.1 Roboterkonfiguration als Zustandsvektor

Für die dynamische Modellierung der Mikroroboter muss zunächst der Zustandsvektor **x** definiert werden. Im einfachsten Fall repräsentiert er die Konfiguration eines Roboters. Da sich die einzelnen Roboter eines Mikrorobotersystems unabhängig voneinander bewegen, wird für jeden Roboter eine separate Sensordatenfusion durchgeführt. Für einen MINIMAN-III-Roboter mit einem Mikrogreifer besteht der Zustandsvektor aus der Position und der Orientierung der Roboterplattform (genauer: seines Schwerpunkts) auf dem Mikroskoptisch, den drei Winkeln der Manipulatorkugel und der Öffnung des Mikrogreifers:

$$\mathbf{x}_{Miniman\,III} = (x_{Plattform}, y_{Plattform}, \theta_{Plattform}, \varphi_{Roll}, \varphi_{Pitch}, \varphi_{Yaw}, \gamma_{Greifer})^{\mathrm{T}} \quad (8.1)$$

Wie schon in Abschnitt 6.1 erwähnt wurde, erreicht ein piezoelektrisch angetriebener Roboter eine vorgegebene Geschwindigkeit aufgrund seiner hohen Dynamik praktisch verzögerungsfrei. Für die Modellierung der Roboterbewegung ist daher das Hinzufügen der Momentangeschwindigkeit oder gar der Beschleunigung als Komponenten des Zustandsvektors nicht unbedingt erforderlich. Ein Vorteil der kleinen Dimension des Zustandsvektors ist der damit verbundene noch geringere Rechenaufwand für die Kalman-Filterung.

Um der Modularität der Roboter auch softwareseitig gerecht zu werden, wird der Zustandsvektor eines Roboters aus den Zustandsvektoren seiner Gelenke zusammengesetzt (hier: Plattform, Manipulatorkugel und Mikrogreifer), die für die Kinematikmodellierung jeweils auch durch einen Frame dargestellt werden. Die folgenden Betrachtungen werden anhand des Plattform-„Gelenks" durchgeführt:

$$\mathbf{x}_{Plattform} = (x, y, \theta)^{\mathrm{T}} \quad (8.2)$$

Das einfachste Modell für die Roboterbewegung kann unter der Annahme aufgestellt werden, dass der Roboter sich exakt nach einem vorgegebenen Geschwindigkeitsvektor bewegt. Das Systemmodell ist dann

$$\mathbf{x}(t + \delta t) = \mathbf{x}(t) + \delta t \cdot \mathbf{u}(t), \quad (8.3)$$

wobei $\mathbf{u}(t) = (\dot{x}, \dot{y}, \dot{\theta})$ der Ansteuervektor (die Robotergeschwindigkeit im Bezugssystem des Roboters) während des Zeitintervalls δt ist (vgl. Gleichung (4.1), Seite 29). Ähnlich wie in Abschnitt 6.2 (Seite 50) erläutert, muss δt hier hinreichend klein sein, wenn $\mathbf{u}(t)$ als im ruhenden Bezugssystem konstant angenommen wird.

Das Systemrauschen $\mathbf{w}(t)$ in (4.1) wird bei der Kalman-Filterung stets als mittelwertfrei angenommen. Der Tatsache, dass sich die auf die Roboterbewegung auswirkenden Störeinflüsse in Wirklichkeit jedoch aus statistischen *und* systematischen Fehlern zusammensetzen (das Systemrauschen also *nicht* mittelwertfrei ist), wird in diesem einfachen Systemmodell durch ein erhöht angenommenes Rauschen Rechnung getragen. Dies bewirkt bei der Kalman-Filterung lediglich eine stärkere Gewichtung der Sensormessungen gegenüber dem Systemmodell. In Versuchen mit diesem Modell wurde daher auch ein stabiles Filterverhalten erreicht. Eine mögliche Erweiterung des Systemmodells, die die systematischen Fehler berücksichtigt, wird in Abschnitt 8.1.4 besprochen.

8.1.2 Systemrauschen

Das Rauschen wird durch die Systemkovarianzmatrix **Q** modelliert. Sie ist ein Maß für die Unsicherheit der vorhergesagten Roboterposition, welches für die Kalman-Filterung benötigt wird. Während die verschiedenen Störfaktoren, die auf die Roboterbewegung einwirken, in Abschnitt 8.1.3 genauer betrachtet werden, wird das Systemrauschen zunächst entsprechend der Gesamtwirkung all dieser Störfaktoren auf die Zustandsvariablen charakterisiert.

Die Unsicherheit der Vorhersage wächst offensichtlich mit dem während δt zurückgelegten Weg $|(\dot{x}, \dot{y})|\delta t$ (Translation) bzw. $\dot{\theta}\delta t$ (Rotation). Im Falle der Translation der Roboterplattform ist davon auszugehen, dass die Unsicherheit vor allem in Bewegungsrichtung wächst, aber auch – schwächer – senkrecht dazu. Dieser Effekt wird parametrisiert durch zwei Konstanten q_v und q_s, die die jeweiligen Abweichungen in Prozent angeben. Zusätzlich hängt die Unsicherheit der Translation auch von der Rotation der Plattform ab, deren Einfluss durch q_θ [m/rad] berücksichtigt wird. Hiermit können die Standardabweichungen der Position in Bewegungsrichtung (Index v) und senkrecht dazu (Index s) angegeben werden:

$$\sigma_v = q_{v0} + q_v |(\dot{x}, \dot{y})|\delta t + q_\theta \dot{\theta}\delta t$$
$$\sigma_s = q_{s0} + q_s |(\dot{x}, \dot{y})|\delta t + q_\theta \dot{\theta}\delta t \qquad (8.4)$$

Die (sehr klein zu wählenden) q_{v0}, q_{s0} [m] erlauben auch bei still stehendem Roboter eine fortlaufende Korrektur der Position durch das Kalman-Filter. Für die Unsicherheit der Plattformdrehung gilt analog:

$$\sigma_\theta = q_{\theta 0} + q_{rv}|(\dot{x}, \dot{y})|\delta t + q_{r\theta}\dot{\theta}\delta t \qquad (8.5)$$

mit $q_{r\theta}$ [%] Einfluss der Rotationsgeschwindigkeit und q_{rv} [rad/m] Einfluss der Translationsgeschwindigkeit auf die Unsicherheit der Rotation.

Damit lässt sich die Kovarianzmatrix $\mathbf{Q}'$ in Bewegungsrichtung aufstellen (Korrelationen zwischen den Bewegungsrichtungen vernachlässigt):

$$\mathbf{Q}' = \begin{pmatrix} \sigma_v^2 & 0 & 0 \\ 0 & \sigma_s^2 & 0 \\ 0 & 0 & \sigma_\theta^2 \end{pmatrix} \qquad (8.6)$$

Die gesuchte Systemkovarianzmatrix **Q** erhält man nun durch Ausrichten von $\mathbf{Q}'$ über einen Basiswechsel in das Koordinatensystem des Mikroskoptischs.

In Experimenten, bei denen die Konstanten recht großzügig gewählt wurden (z.B. $q_v = 30\%$, $q_s = 5\%$ für eine MINIMAN-III-Plattform), arbeitete die Kalman-Filterung auch bei Vorhersagen über größere Strecken zuverlässig, also bei hoher Geschwindigkeit und niedrigem Sensortakt oder gar zeitweiligem Sensorausfall.

8.1.3 Weitere Untersuchung der Roboterbewegung

Bei der Entwicklung des Systemmodells stellt sich die Frage, wie exakt man die Eigenschaften des Piezoantriebs der Roboter modellieren kann, um möglichst genau die *tatsächlichen* Fehlerquellen des Systems zu berücksichtigen. Ein solches Modell würde im Idealfall die Roboterbewegung direkt aus den gegebenen Spannungsverläufen aller Beinchenelektroden[43] vorhersagen können. Umgekehrt könnte es dazu benutzt werden, die systematischen Fehler im Robotersystem bei der Berechnung der Ansteuersignale zu einer gewünschten Bewegung zu berücksichtigen. Bei derart optimierten Ansteuersignalen wäre das oben beschriebene einfache Systemmodell für die Kalman-Filterung das bestmögliche.

Ein dynamisches Modell eines einzelnen Slip-Stick-Aktuators wurde von [Breguet 1998] entwickelt, der damit das Verhalten von Mikropositionierschlitten mit einem Freiheitsgrad genau simulierte und analysierte. Aufbauend auf den damit gewonnenen Erkenntnissen müsste ein exaktes, für eine MINIMAN-Plattform auf drei Freiheitsgrade erweitertes Modell die folgenden Effekte bzw. Teilmodelle berücksichtigen:

- Elektrisches Modell der Piezoansteuerung für beide Freiheitsgrade eines Beinchens bestehend aus einer Spannungsquelle je Elektrodenpaar (mit Strombegrenzung, Innenwiderstand und Anstiegsgeschwindigkeit) und den als Plattenkondensatoren angenommenen Elektrodenpaaren des Piezoelements

- Mechanisches Modell eines Piezobeins als ideales Piezoelement (die Verformung des Kristalls folgt exakt der angelegten Spannung): Der Verformungsvektor x_{Piezo} wird über ein Federelement C_p und ein Dämpfungselement R_p an die Beinchenmasse

$$m_{equiv} = \frac{1}{3}m_{Piezo} + m_{Zusatz} \qquad (8.7)$$

übertragen. C_p und R_p können zwar theoretisch hergeleitet werden, in der Praxis ist jedoch stets eine experimentelle Bestimmung erforderlich. Aufgrund der Symmetrie der Beinchen ist anzunehmen, dass diese Parameter für beide Freiheitsgrade eines Beinchens ähnlich sind.

---

[43] Für die Slip-Stick-Bewegung der MINIMAN-Roboter werden jeweils zwei Sägezahnsignale pro Piezobein vorgegeben, charakterisiert durch eine Spannungsamplitude und -frequenz für jedes der beiden Elektrodenpaare eines Beines, vgl. Seite 20 in Abschnitt 4.1.1.

98 Entwicklung der Sensordatenfusion

- Die Bewegung eines Piezobeinchens (nach [Breguet 1998] für einen Freiheitsgrad):

$$m_{equiv} \ddot{x}_{Bein} = F_{Reibung} + F_{Rp} + F_{Cp} - F_{Hangabtrieb}$$
$$F_{Cp} = C_p (x_{Piezo} - x_{Bein})$$
$$F_{Rp} = -R_p \dot{x}_{Bein}$$
$$F_{Hangabtrieb} = m_{equiv} g \sin \gamma$$

(8.8)

- Um das Slip-Stick-Prinzip simulieren zu können, muss die Reibungskraft $F_{Reibung}$ durch ein geeignetes dynamisches Reibungsmodell beschrieben werden. Breguet nutzt das Modell von [Canudas 1995], das neben der Relativgeschwindigkeit der Reibungspartner eine weitere Zustandsvariable benutzt, die der relativen Verformung des mechanischen Kontakts entspricht und den Zustand der Reibung repräsentiert. Das Modell berücksichtigt die folgenden Effekte [Armstrong 1996]:

  - Stribeck-Effekt: bei kleinen Geschwindigkeiten nichtlineare Kraft-Geschwindigkeits-Charakteristik

  - Steigende statische Kraft: Die Kraft zum Loslösen (Übergang von nicht-gleitend zu gleitend) variiert mit der Verweilzeit (bei Geschwindigkeit Null) und mit der Geschwindigkeit der Kraftänderung.

  - Verzögertes Reibverhalten (*frictional memory*): die Verzögerung zwischen Änderungen der Geschwindigkeit oder der Normalkraft und der zugehörigen Änderung der Reibungskraft

  - Dahl-Effekt: Verformung, die (ausgelöst durch die Nachgiebigkeit der Rauhigkeiten der Reibungspartner) vor dem Gleiten auftritt

  Neben Haft- und Gleitreibungskoeffizienten und der Reibungsnormalkraft (abhängig vom Gewicht des Roboters) fließen somit die Stribeck-Geschwindigkeit sowie drei weitere Parameter in das Reibungsmodell ein, die die Steifigkeit und Dämpfung des Reibkontakts und die viskose Reibung charakterisieren.

- Die Bewegung der Roboterplattform aufgrund der durch die Beinchenbewegungen auf sie wirkenden Reibungskraftvektoren $\mathbf{F}_{Bein_i}$ ($|\mathbf{F}_{Bein_i}| \hat{=} F_{Reibung_i}$) über das Kräfte- und Momentengleichgewicht bezüglich des Roboterschwerpunkts (ebener Fall, Abbildung 52, Masse eines Beinchens klein gegen die Masse des Schlittens):

$$m_{Rob} \begin{pmatrix} \ddot{x}_S \\ \ddot{y}_S \end{pmatrix} = \mathbf{F}_{Last} + \sum_{i=0}^{2} \mathbf{F}_{Bein_i}$$
$$J_{Rob} \ddot{\theta}_S = M_{Last} + \sum_{i=0}^{2} |\mathbf{F}_{Bein_i}| (r_{xi} \sin \alpha_i - r_{yi} \cos \alpha_i)$$

(8.9)

mit $(\ddot{x}_S, \ddot{y}_S, \ddot{\theta}_S)^T$ Momentanbeschleunigung des Schwerpunkts, m_{Rob}, J_{Rob} Masse und Massenträgheitsmoment der Plattform, r_{xi}, r_{yi} Position des Beinchens *i* relativ zum Schwerpunkt und α_i Winkel, unter denen die Beinchenkräfte angreifen. $\mathbf{F}_{Last}$ und M_{Last} fassen äußere, auf den Roboter wirkende Kräfte und Momente zusammen (z.B. die Hangabtriebskraft bei nicht exakt horizontalem Tisch oder die durch die Verkabelung des Roboters eingebrachten Störkräfte).

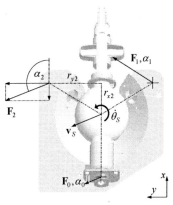

Abbildung 52: Skizze zum Kräfte- und Momentengleichgewicht der Roboterplattform.

Das Hauptproblem eines solchen Modells ist zweifellos der enorme Simulationsaufwand des hochdimensionalen nichtlinearen Differenzialgleichungssystems sowie die große Anzahl der experimentell zu bestimmenden Parameter. Es macht jedoch Sinn, die Wirkung verschiedener Parametergruppen auf das Gesamtsystem etwas näher zu analysieren. In Simulationen und Experimenten untersuchte Breguet den Einfluss verschiedener Parameter des Modells für Slip-Stick-Aktuatoren mit einem Freiheitsgrad. Dabei identifizierte er die Steifigkeit der Piezoelemente als Schlüsselparameter für die Geschwindigkeit des Antriebs. Auch die tribologischen Parameter des Reibkontakts und die Reibungsnormalkraft haben einen recht großen Einfluss auf die Bewegung, da ein Schlitten mit steigender (Gleit-) Reibung während der schnellen Rückbewegung[44] der Piezoelemente nach jedem Mikroschritt stärker zurückrutscht. Interessanterweise stellte sich heraus, dass die Massenträgheit eine vergleichsweise geringe Rolle spielt.

Für das Verhalten der gesamten MINIMAN-Plattform ist zusätzlich das Zusammenspiel der drei Piezobeine mit ihren individuellen Parametern wichtig. In Abschnitt 6.2 (Seite 49) wurde bereits erwähnt, dass der Zusammenhang zwischen Ansteuersignal und Robotergeschwindigkeit gemittelt für alle Beine experimentell bestimmt und in einer Geschwindigkeitstabelle gespeichert werden kann. Weichen die Beträge und Richtungen der einzelnen Beinchenkräfte jedoch bei gleicher Ansteuerung von einander ab, wirkt sich dies auf den Kurs des Roboters aus. In obigen Betrachtungen sieht man, dass sehr viele

---

[44] Bei der langsamen Vorwärtsbewegung folgt der Schlitten größtenteils ohne Gleiten direkt der Piezobewegung.

Parameter solche Betrags- und Winkelfehler verursachen können. Während sich unterschiedliche Reibungsverhältnisse an den Beinchen vor allem auf die Kraftbeträge auswirken, haben Unterschiede im Spannungssignal und im Material der Piezobeinchen Fehler in Betrag *und* Richtung zur Folge. Ein Beispiel ist das in Abschnitt 6.2.4 (Seite 54) besprochene anisotrope Verhalten der Beinchen, das nur näherungsweise kompensiert werden kann. Zusätzlich wirkt sich die Lage des Roboterschwerpunkts relativ zu den Beinchen auf seine Bewegung aus. Sicherlich spielen hierbei die ungleichen Hebelverhältnisse eine Rolle, die wie aus Gleichung (8.9) ersichtlich entstehen, wenn der Schwerpunkt nicht exakt in der Mitte der drei Beinchen liegt. Außerdem spielt der Einfluss der resultierenden unterschiedlichen Normalkräfte auf die Reibung eine große Rolle. Zusätzliche Abweichungen entstehen durch eine ungenaue Ausrichtung der Piezobeine. Dabei sind auch noch weitere Effekte vorstellbar, die durch Gleitprozesse aufgrund einer nicht exakten Koordination der drei Beinchenbewegungen während der langsamen Bewegungsphase entstehen. Hinzu kommen sehr schwer fassbare schwingungstechnische Effekte (Eigenschwingungen der Plattform, der Beinchen und des Mikroskoptischs), die bei hohen Geschwindigkeiten sogar zu chaotischem Verhalten führen.

Für die Ansteuerung der Roboter wurde bisher angenommen, dass die Bewegungsvektoren der Beinchen identisch mit den geometrisch von der Schwerpunktsgeschwindigkeit erzwungenen Bahngeschwindigkeiten der entsprechenden Plattformpunkte sein müssen (vgl. Abschnitt 6.2). Um dem in diesem Abschnitt erläuterten, realen und komplexen Zusammenspiel der Kräfte terminologisch gerecht zu werden, sei für das im folgenden Abschnitt vorgestellte vereinfachte Modell der Begriff des *Geschwindigkeitsbeitrags*[45] eingeführt, der den Einfluss eines Beines auf die zeitlich gemittelte Gesamtbewegung der Roboterplattform beschreibt. Wie eine am Roboter angreifende Kraft muss der (vektorielle) Geschwindigkeitsbeitrag eines Beines nicht notwendigerweise in Richtung der Bahngeschwindigkeit des Angriffspunkts wirken.

8.1.4 Erweiterung des Zustandsvektors

Eine gebräuchliche Erweiterung des Zustandsvektors ist die so genannte *Autokalibrierung*, bei der unzureichend bekannte Konstanten des Systems und der Sensorik mit in den Zustandsvektor aufgenommen werden. Dieses Mitfiltern der Konstanten ist möglich, weil jede Messung auch Informationen über die Systemparameter enthält und die Kalman-Filterung dafür sorgt, dass der Fehler der Schätzung *aller* Zustandsvariablen minimal wird. Das dynamische Systemmodell für diese Parameter sagt trivialerweise ihre Konstanz vorher. Während eine Konstante theoretisch keinem Systemrauschen unterliegt, muss eine kleine Varianz in **Q** vorgesehen werden, um eine Korrektur durch das Kalman-Filter zu erlauben.

---

[45] Nicht zu verwechseln mit „-betrag".

8.1 Systemmodell

Für die MINIMAN-Roboter wurde Autokalibrierung erfolgreich zur Bestimmung der schon erwähnten, über je drei Beinchen gemittelten Geschwindigkeitstabellen benutzt [Ziegler 2003].

Ähnlich der Autokalibrierung kann es auch nützlich sein, den Zustandsvektor durch konstante oder langsam veränderliche Fehlergrößen zu erweitern. Im Folgenden wird daher untersucht, wie die oben analysierten, für die Roboterbewegung relevanten Fehlerquellen durch solch eine Modellierung berücksichtigt werden können.

Nach den obigen Betrachtungen erscheint es sinnvoll, die auftretenden Störungen als Fehler der Geschwindigkeitsbeiträge für jedes der drei Beine individuell durch das Kalman-Filter schätzen zu lassen. Hierzu werden die Fehlerquellen durch einen relativen Fehler des Betrags und einen additiven Winkelfehler des Geschwindigkeitsbeitrags eines Beinchens zusammengefasst; denn es ist anzunehmen, dass diese Fehler − zumindest über längere Zeitintervalle hinweg − nicht stark variieren: Wenn der Geschwindigkeitsbeitrag eines Beinchens etwa aufgrund einer erhöhten Reibung geringer ist als angenommen, ist sein relativer Betragsfehler weitgehend unabhängig von Frequenz und Richtung der Beinchenansteuerung. Durch den Winkelfehler wird z.B. der Einfluss einer fehlerhaften Beinchenausrichtung berücksichtigt, nicht jedoch elektrische oder mechanische Effekte in der Piezokeramik, die abhängig vom Bewegungswinkel sind[46].

Als Steuervektor des so erweiterten Systemmodells müssen nun die $3 \cdot 2$ vorzugebenen Komponenten der Geschwindigkeitsbeiträge benutzt werden, die durch die Zustandsvariablen der Beinchenfehler zu korrigieren sind. Dieser Steuervektor kann z.B. wie bisher über die Robotergeometrie (Abschnitt 6.2.2) aus der gewünschten Schwerpunktsgeschwindigkeit berechnet werden. Zur vom Filter benötigten analytischen Vorhersage der tatsächlichen Roboterbewegung mit Hilfe der *korrigierten* Steuervektoren kann das geometrische Modell jedoch nicht benutzt werden, da die aus Gleichung (6.2) folgenden sechs Gleichungen

$$\dot{x}_i = \dot{x}_S - \dot{\theta}_S \cdot r_{yi}$$
$$\dot{y}_i = \dot{y}_S + \dot{\theta}_S \cdot r_{xi}$$
(8.10)

sich im Regelfall (aufgrund der hinzugefügten Fehler) widersprechen. Es bietet sich jedoch an, auf das Kräfte- und Momentengleichgewicht (8.9) zurückzugreifen; denn dieses ist in der Lage, die auf den Schwerpunkt wirkenden Kräfte und Momente auch im Falle nicht exakt koordinierter oder sogar gegenläufiger Beinchenkräfte zu bestimmen. Die Wirkung des den Kräften zugrunde liegendenden Differenzialgleichungssystems muss jedoch zusammengefasst und über die Zeit gemittelt werden. Aus (8.9) lässt sich für die zeitlich gemittelte Geschwindigkeit $(\bar{\dot{x}}_S, \bar{\dot{y}}_S, \bar{\dot{\theta}}_S)$ der Roboterplattform folgender Zusammenhang ableiten (äußere Lasten vernachlässigt):

---

[46] wie etwa verbleibende Winkelabweichungen nach Kompensation der Beinchenanisotropie (Seite 54)

102 Entwicklung der Sensordatenfusion

$$\bar{\dot{x}}_S = \sum_{i=0}^{2} \tilde{v}(\xi_i) \cos \alpha_i$$

$$\bar{\dot{y}}_S = \sum_{i=0}^{2} \tilde{v}(\xi_i) \sin \alpha_i \qquad (8.11)$$

$$\bar{\dot{\theta}}_S = \sum_{i=0}^{2} \tilde{\omega}(\xi_i)\left(r_{xi} \sin \alpha_i - r_{yi} \cos \alpha_i\right)$$

Die Vereinfachung des physikalischen Modells geschieht hier mit Hilfe der experimentell zu bestimmenden Geschwindigkeitsbeiträge $\tilde{v}(\xi_i)$ für die Translation und $\tilde{\omega}(\xi_i)$ für die Rotation, die dann ähnlich der bereits erwähnten Geschwindigkeitstabellen als Funktion des Betrags der Beinchenansteuerung ξ_i vorliegen. Die α_i sind die vorgegebenen Winkel der Beinchenansteuerung. Abbildungen 53 und 54 skizzieren den Vergleich des vereinfachten Modells mit den Zusammenhängen im realen System.

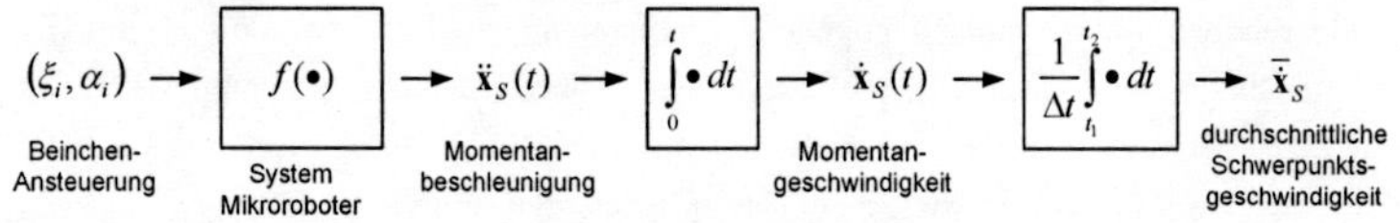

(ξ_i, α_i) → $f(\bullet)$ → $\ddot{x}_S(t)$ → $\int_0^t \bullet \, dt$ → $\dot{x}_S(t)$ → $\frac{1}{\Delta t}\int_{t_1}^{t_2} \bullet \, dt$ → $\bar{\dot{x}}_S$

Beinchen-Ansteuerung | System Mikroroboter | Momentan-beschleunigung | Momentan-geschwindigkeit | durchschnittliche Schwerpunkts-geschwindigkeit

Abbildung 53: Realer Zusammenhang von Beinchenansteuerung und durchschnittlicher Schwerpunktsgeschwindigkeit. $f(\bullet)$ symbolisiert das Verhalten des physikalischen Systems.

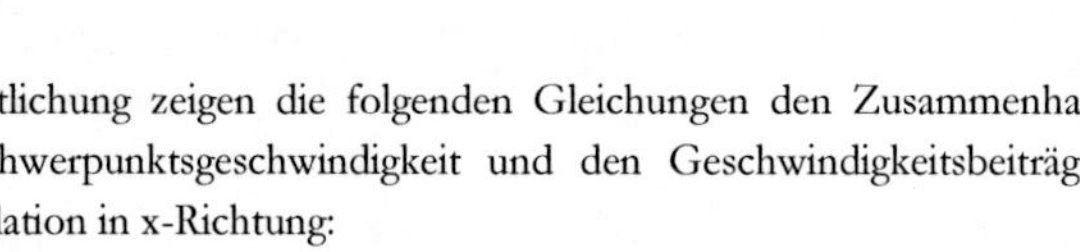

(ξ_i, α_i) → $\tilde{v}(\bullet)$ → $f'(\bullet)$ → $\bar{\dot{x}}_S$

Beinchen-Ansteuerung | Geschwindigkeitsbeiträge | vereinfachtes Modell | durchschnittliche Schwerpunkts-geschwindigkeit

Abbildung 54: Vereinfachtes Modell $f'(\bullet)$, das mit Hilfe der Geschwindigkeitsbeiträge die durchschnittliche Schwerpunktsgeschwindigkeit vorhersagt.

Zur Verdeutlichung zeigen die folgenden Gleichungen den Zusammenhang zwischen mittlerer Schwerpunktsgeschwindigkeit und den Geschwindigkeitsbeiträgen im Falle reiner Translation in x-Richtung:

$$\alpha_i = 0, \; \xi_i = \xi_0 \;\Rightarrow\; \tilde{v}(\xi_0) = \frac{1}{3}\bar{\dot{x}}_S(\xi_0) \qquad \left[\frac{m}{s}\right] \qquad (8.12)$$

und reiner Rotation:

$$\mathbf{F}_i \perp \mathbf{r}_i, \; \xi_i = \xi_0 \;\Rightarrow\; \tilde{\omega}(\xi_0) = \frac{1}{3r}\bar{\dot{\theta}}_S(\xi_0) \qquad \left[\frac{rad}{s \cdot m}\right] \qquad (8.13)$$

$\tilde{v}(\xi_i)$ und $\tilde{\omega}(\xi_i)$ wurden mit Hilfe der Autokalibrierung für eine MINIMAN-III-Plattform bestimmt. Hiermit lässt sich das Bewegungsverhalten des Roboters bei Translation und Rotation vergleichen. Im Falle der MINIMAN-III-Plattform stellte sich heraus, dass

$$\tilde{\omega}(\xi) \approx \frac{\tilde{v}(\xi)}{r^2}, \qquad (8.14)$$

unter der Annahme, dass die drei Beinchen genau symmetrisch um den Schwerpunkt[47] des Roboters herum angeordnet sind: $r = |\mathbf{r}_i|$. Dieses Ergebnis bedeutet, dass die Bahngeschwindigkeit am Bein sich auch bei Rotationen sehr ähnlich verhält wie bei einem linearen Antrieb mit nur einem Freiheitsgrad. Es bestätigt damit den geringen Einfluss der Roboterträgheit (bzw. in diesem Fall genauer: den geringen Einfluss des Massenträgheitsmoments J_{Rob}, also der Robotergeometrie auf die Trägheit bei Rotationen). Gleichung (8.14), eingesetzt in (8.11) und die gedankliche Rückübertragung auf (8.9) zeigt, dass $J_{Rob} \approx m_{Rob} r^2$, was der Vorstellung entspricht, die gesamte Robotermasse sei an den Beinchen konzentriert. Dies wiederum ist gleichbedeutend mit der oben festgestellten Analogie zum Linearantrieb.

Für die genannten Bedingungen, unter denen der direkte geometrische Zusammenhang gültig ist, lässt sich durch Einsetzen von (8.10) in (8.11) mit

$$\tilde{v}(\xi_i)\cos\alpha_i = \frac{1}{3}\dot{x}_i, \quad \tilde{v}(\xi_i)\sin\alpha_i = \frac{1}{3}\dot{y}_i \qquad (8.15)$$

und (8.14) zeigen, dass die Schwerpunktsgeschwindigkeit mit Hilfe der Geschwindigkeitsbeiträge exakt berechnet wird.

In einem Systemmodell nach (8.3) mit $\mathbf{u}(t) = (\bar{\dot{x}}_S, \bar{\dot{y}}_S, \bar{\dot{\theta}}_S)^T$ aus (8.11) können nun $\tilde{v}(\xi_i)$ und α_i mit Fehlern beaufschlagt werden, die während des Betriebs ständig durch das Kalman-Filter korrigiert werden. Diese (virtuellen) Fehler fassen alle Störungen (Ungenauigkeiten in den Beinchen, äußere Lasten, Fehler durch die vorgenommenen Idealisierungen) zusammen, so dass die Vorhersagequalität zwischen den einzelnen Sensormessungen deutlich gesteigert werden kann.

Versuche mit diesem Modell bestätigten, dass das Kalman-Filter anfangs bestehende Vorhersagefehler schnell durch die eingeführten Fehlergrößen kompensiert. Nach kurzer Zeit wurde jedoch eine gemeinsame Drift der Fehler beobachtet, die zwar bei geradlinigen Roboterbewegungen weiterhin zu einer korrekten Positionsschätzung führten, aber nicht mehr physikalisch sinnvollen Störungen entsprachen. Nach [Welch 1996] kann solchen Stabilitätsproblemen durch eine geschickte Wahl der Filter-Parameter (*Tuning*) und einen nicht allzu langen ununterbrochenen Tracking-Betrieb begegnet werden.

---

[47] Die Beinchen des MINIMAN III formen ein gleichseitiges Dreieck, bei dem der Schwerpunkt etwa in der Mitte liegt.

Aufgrund der fehlenden Langzeitstabilität des Modells ist die Weiterentwicklung dieser aus den physikalischen Zusammenhängen hergeleiteten Erweiterung des Zustandsvektors nicht sinnvoll. Will man dennoch die vorhandenen Störungen auf Filterebene kompensieren, bleibt die einfachere Variante, die drei Zustandsvariablen des in Abschnitt 8.1.1 vorgestellten Modells mit je einem Fehler zu beaufschlagen. Konstanz der so modellierten Abweichungen der Schwerpunktsgeschwindigkeit ist bei Richtungswechseln nicht zu erwarten. Dass die Fehler stets schnell vom Filter geändert werden können, ist daher durch entsprechende Wahl der Systemkovarianzmatrix sicher zu stellen[48].

8.2 Beobachtungsmodell

Ein Beobachtungs- oder Messmodell muss für die Kalman-Filterung den Zusammenhang zwischen Zustandsvektor $\mathbf{x}$ und Messvektor $\mathbf{z}$ herstellen. Dazu leitet es die erwarteten Messwerte aus dem durch das Systemmodell vorhergesagten Zustandsvektor ab, hier also aus der Roboterkonfiguration. Die Rückprojektion von der tatsächlichen Messung auf die Roboterkonfiguration geschieht wie in Abschnitt 4.3.5 beschrieben implizit mit Hilfe des Residuums zwischen gemessenem und vorhergesagtem Messvektor.

Alle vorgestellten Sensoren des Mikrorobotersystems basieren auf der Vermessung von Markierungen auf den Robotern in Pixelbildern. Für die Softwarearchitektur des Mikrorobotersystems (vgl. folgender Abschnitt 8.3) ist es zweckmäßig, zwischen logischen und physikalischen Sensoren zu unterscheiden. Während beispielsweise eine Kamera als *physikalischer* Sensor ein Bild aus Tausenden von Grauwerten als „Messung" liefert, arbeitet die Sensordatenfusion mit *logischen* Sensoren. Beim Tracking liefert ein logischer Sensor nach Extraktion der Markierung in einem ROI deren Pixelkoordinaten als zweidimensionalen Messvektor. Für einen logischen Sensor, der für die initiale Positionserkennung n Markierungen gleichzeitig vermisst, kann auch ein größerer Messvektor ($\dim \mathbf{z} = 2 \cdot n$) benutzt werden. Die Definition eines eigenen logischen Sensors für jede einzelne Markierung in einem Bild steigert die Flexibilität des Systems enorm. Denn schlägt die Messung einer einzelnen Markierung fehl, können alle anderen im Bild sichtbaren Markierungen trotzdem für die Sensordatenfusion genutzt werden, ohne dass die Größe des Messvektors geändert werden müsste.

---

[48] Denkbar ist auch, die Wirkung von Änderungen des Ansteuervektors im Systemmodell zu berücksichtigen, oder zu einem Fehlermodell überzugehen, mit dem nicht der Zustandsvektor selbst, sondern allein dessen Fehler geschätzt wird.

8.2 Beobachtungsmodell

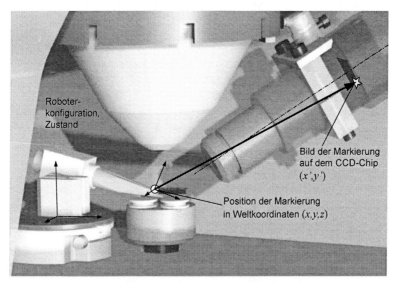

Abbildung 55: Das Messmodell eines Sensors beschreibt den Zusammenhang zwischen der Roboterkonfiguration (Zustandsvektor) und dem Messvektor. Im hier dargestellten Beispiel besteht der Messvektor aus den Pixelkoordinaten (x',y') des Bildes einer Markierung des Mikrogreifers.

Die Vorhersage einer Messung geschieht stets in zwei Stufen. Die Position einer Markierung, die als Frame im Kinematikmodell (Abschnitt 4.3.4) repräsentiert ist, wird zuerst mit Hilfe des Frame-Baums in Weltkoordinaten[49] berechnet, nachdem dieser dem Zustandsvektor entsprechend ausgerichtet wurde. Durch das Modell des bildgebenden Sensors (Kamera, REM) werden diese Weltkoordinaten in die Pixelkoordinaten des Bildes projiziert. Dies geschieht mit Hilfe der so genannten Kollinearitätsgleichungen[50] (vgl. z.B. [Luhmann 2000]), welche die durch die Kalibrierung des Sensors bestimmten geometrischen und optischen Bedingungen berücksichtigen (im Falle einer nach Tsai, Abschnitt 4.3.2, kalibrierten Kamera sind dies die elf Parameter der inneren und äußeren Orientierung). Abbildung 55 veranschaulicht den Zusammenhang zwischen Roboterkonfiguration und Messvektor am Beispiel des Miniaturmikroskops.

Bei der Elektronenstrahltriangulation ist die Position des in Abbildung 55 als weißer Kreis eingezeichneten Leuchtflecks nicht fix zum Mikrogreifer. Vielmehr hängt sie zusätzlich vom Linienscan des Elektronenstrahls ab. Daher muss das Messmodell dieses Sensors den Schnittpunkt der durch den Elektronenstrahl aufgespannten Ebene mit der

---

[49] bzw. in den Koordinaten des jeweiligen Kalibrierungsframes, vgl. Abschnitt 7.4.7, Seite 90

[50] Alle auf einem Bildpunkt abgebildeten Objektpunkte liegen auf einer Geraden.

entsprechenden Linie des Z-Musters auf dem Mikrogreifer berechnen. Die Elektronenstrahlebene wird durch Start- und Endpunkt des Linienscans im REM-Bild und durch den virtuellen Pivotpunkt (vgl. Seite 87) bestimmt. Diese Punkte werden mit Hilfe der REM-Kalibrierung in Weltkoordinaten umgerechnet und in den Frame der Z-Linie transformiert. Dieser Z-Linien-Frame ist zweckmäßigerweise so orientiert, dass die Linie in Richtung einer Koordinatenachse liegt. Dann muss lediglich der entsprechende Achsenabschnitt der Elektronenstrahlebene bestimmt werden. Dies ergibt schließlich die 3D-Position des Leuchtflecks, der sodann wie oben beschrieben über den Kalibrierungs-Frame des Miniaturmikroskops und die Kollinearitätsgleichungen in das Kamerabild projiziert wird.

Zur Gewichtung der einzelnen Messungen benötigt das Kalman-Filter die Kovarianzmatrix $\mathbf{R}$ des Messrauschens, die aus der Genauigkeit der Bildverarbeitung abgeleitet wird. Dabei kann angenommen werden, dass keine Kreuzkorrelationen zwischen der x- und der y-Bildkoordinate einer Markierung auftreten, so dass

$$\mathbf{R} = \begin{pmatrix} \sigma^2 & 0 \\ 0 & \sigma^2 \end{pmatrix}. \tag{8.16}$$

Die Standardabweichung σ wird in Pixeln angegeben und ist ein wichtiger Tuning-Parameter, da hiermit die Gewichtung der einzelnen Sensoren vorgenommen wird. Zu beachten ist, dass die Messungen auch systematischen Fehlern unterliegen, z.B. durch fehlerhafte Kalibrierungsparameter oder ungenaue Angaben der Markierungsposition auf dem Roboter. Diese Fehler müssen ebenfalls in σ berücksichtigt werden. Aufschluss über die Genauigkeit der Messungen kann unter anderem eine Analyse des Residuums geben.

Die Messmodelle werden nicht nur für die Sensordatenfusion genutzt, sondern dienen außerdem zur Bestimmung der optimalen Lage der ROI während des Trackings.

8.3 Flexibler Sensorbetrieb und asynchrone Filterung

Die Sensorik des Mikrorobotersystems ist durch die folgenden Eigenschaften gekennzeichnet:

- Für verschiedene Roboter, Arbeitsräume und Genauigkeitsbereiche werden unterschiedliche, externe Sensoren benutzt. Wichtig ist daher ein flexibles Einbinden der Sensordaten in die Sensordatenfusion.

- Alle für das Mikrorobotersystem entwickelten Sensoren basieren auf mehr oder weniger aufwändigen Bildverarbeitungsmethoden. Dies gilt nicht nur für den Teilbereich des Rasterelektronenmikroskops, sondern insbesondere auch für die auf Lichtmikroskopie basierenden Arbeiten, vgl. Abschnitt 4.1.2 und [Buerkle 2001, Miniman 2002]. Die von den unterschiedlichen Sensoren berechneten Messwerte ste-

8.3 Flexibler Sensorbetrieb und asynchrone Filterung

hen daher in der Regel erst eine gewisse Zeitspanne *nach* dem eigentlichen Messzeitpunkt zur Verfügung.

- Eine Parallelverarbeitung von Sensorik und Robotersteuerung muss unterstützt werden.

Infolge dieser Eigenschaften, kann es passieren, dass Messungen nicht in zeitlich korrekter Reihenfolge verfügbar werden, z.B. wenn bereits während der Berechnung einer Messung ein jüngeres Messergebnis eines anderen Sensors vorliegt. Im Rahmen dieser Arbeit wurde daher eine mehrfädige Architektur entworfen, die sicherstellt, dass alle Messungen in zeitlich korrekter Reihenfolge fusioniert werden. In der nun folgenden Beschreibung des Verfahrens wird der Messprozess in die Phasen *Initialisierung*, *Verarbeitung* und *Filterung* unterteilt.

- Bei der *Initialisierung* wird der Zustand des Systems zu einer bestimmten Zeit durch einen (physikalischen) Sensor erfasst, digitalisiert und in den systeminternen Speicher übernommen. Bei den Sensoren des Mikrorobotersystems entspricht dies der Akquisition der Kamera- oder REM-Bilder, die anschließend meist als Graustufenbilder vorliegen. Die Initialisierung legt den *Messzeitpunkt* fest (in der Praxis ist dies z.B. die Zeitmarke eines aufgenommenen Kamerabilds).

- Bei der *Verarbeitung* wird der eigentliche Messvektor aus den aufgenommenen Daten (durch die Bildverarbeitung etc. eines logischen Sensors) extrahiert. Dieser Schritt benötigt in der Regel die meiste Rechenzeit.

- Durch die Sensordatenfusion wird bei der *Filterung* schließlich der zum Messzeitpunkt herrschende Systemzustand mit Hilfe des vom Sensor ermittelten Messvektors geschätzt[51]. Hierzu wird das Beobachtungsmodell des Sensors benötigt.

---

[51] Die Zustandsschätzung basierend auf einer Messung wird im Folgenden auch als „Filtern" oder „Einfiltern" der Messung bezeichnet.

108 Entwicklung der Sensordatenfusion

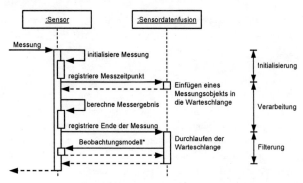

Abbildung 56: Sequenzdiagramm für die Initialisierung, Verarbeitung und Filterung einer Messung.

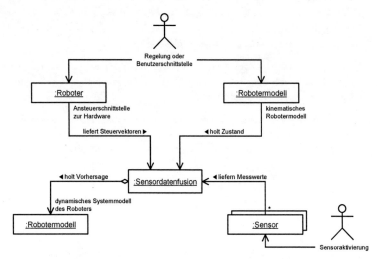

Abbildung 57: Objektstruktur des Sensorsystems. Der Benutzerschnittstelle oder einer Regelung steht eine Ansteuerschnittstelle zur Verfügung, sowie ein Robotermodell, das die von der Sensorik ermittelte Roboterkonfiguration enthält. Mit Hilfe der Ansteuerschnittstelle und des Robotermodells lässt sich z.B. ein Regelkreis schließen. Die Sensoren werden im Betrieb fortlaufend aktiviert (s. Abbildung 56).

Abbildung 56 veranschaulicht die im Folgenden beschriebene Interaktion von einem Sensor und der Sensordatenfusion. Eine grobe, datenflussorientierte Übersicht über die beteiligten Module des Systems zeigt Abbildung 57.

Der von einer übergeordneten Kontrollinstanz (im einfachsten Fall zyklisch) angestoßene Messprozess eines Sensors beginnt mit der Initialisierung, nach der sich der Sensor bei

8.3 Flexibler Sensorbetrieb und asynchrone Filterung

der Sensordatenfusion mit Übergabe des Messzeitpunkts registriert. Ein Objekt, das die Messung repräsentiert, wird erzeugt und in einer Warteschlange abgelegt[52]. Dieses (k-te) Messungsobjekt speichert zunächst nur den Messzeitpunkt t_k. Es befindet sich im Zustand *unverarbeitet*. Nach der Verarbeitung, also der Berechnung des Messvektors z_k, wird dieser vom Sensor an die Sensordatenfusion übergeben. Der Messvektor wird im entsprechenden Messungsobjekt, das seinen Zustand vorübergehend in *verarbeitet* ändert, gespeichert. Nun wird in der Warteschlange der letzte Eintrag gesucht, der sich im Zustand *gefiltert* befindet, bei dem die Filterung also bereits durchgeführt wurde. Ein gefiltertes Messungsobjekt enthält außer Messvektor und -zeitpunkt auch die Zustandsschätzung und Fehlerkovarianzmatrix, die sich aus dem Einfiltern der Messung ergaben. Das Kalman-Filter wird mit diesen Werten initialisiert, bevor nun alle Messungen, die dieser initialen Messung in der Warteschlange folgen, durch Vorhersage-Korrektur-Zyklen (erneut) gefiltert werden. Für die Filterung werden die Beobachtungsmodelle der jeweiligen Sensoren und das Systemmodell des Roboters benutzt. Noch nicht fertig verarbeitete Messungen werden übersprungen. Die Zwischenergebnisse für Zustandsvektor und Kovarianzen werden in den jeweiligen Messungsobjekten gespeichert. Nach einem solchen Durchlaufen der Warteschlange können alle gefilterten Messungsobjekte vom Anfang der Schlange gelöscht werden, deren unmittelbaren Nachfolger ebenfalls *gefiltert* sind, da sie nicht mehr benötigt werden. Auf diese Weise verbleibt stets mindestens ein gefiltertes Messungsobjekt in der Warteschlange, von dem aus beim nächsten Durchlauf wieder mit der Propagation begonnen werden kann.

Um den Einsatz mehrerer Kontrollfäden (*Threads*) zu ermöglichen, muss die Warteschlange als exklusive Ressource realisiert werden. Das Eintragen einer neuen, unverarbeiteten Messung nach der Initialisierungsphase und der Warteschlangendurchlauf nach Abschluss der Verarbeitungsphase (inkl. Löschen von nicht mehr benötigten Messungsobjekten) werden daher durch Synchronisationsmechanismen für andere Kontrollfäden gesperrt.

Bei einem Fehlschlag in der Verarbeitungsphase, wenn also kein Messvektor bestimmt werden konnte, wird das entsprechende Messungsobjekt gelöscht und der Warteschlangendurchlauf entfällt.

In den Messungsobjekten wird auch der zum Messzeitpunkt aktuelle Ansteuervektor gespeichert. Dieser wird für das Systemmodell zur Vorhersage von einer Messung zur nächsten benötigt. Wenn zwischenzeitlich ein neuer Steuervektor zur Robotersteuerung geschickt wird, wird dieser auch in die Warteschlange eingetragen. Zum Speichern dieses Steuervektors dient ein spezielles „Messungsobjekt", das bei der Filterung wie die anderen Objekte in der Warteschlange behandelt wird, wobei der Korrekturschritt in der Propagation entfällt.

---

[52] Da die Initialisierungsphase in der Regel sehr kurz ist und das Einfügen eines Messungsobjekts fast unmittelbar nach t_k geschieht, ist die Folge der t_k in der Praxis ohne besondere Maßnahmen monoton steigend.

Unabhängig von den Messprozessen kann jederzeit der aktuelle Systemzustand abgefragt werden. Mit Hilfe des Systemmodells liefert die Sensordatenfusion stets die auf der jüngsten gefilterten Messung basierende Vorhersage der Roboterkonfiguration.

Das System zur Sensordatenfusion wurde im Rahmen von [Ziegler 2003] implementiert. Viel Wert wurde dabei auf die Erweiterbarkeit und Transparenz des Fusionsprozesses gelegt. Daher wurde ein Rahmenwerk entworfen, das die oben beschriebene Kooperation zwischen Sensoren, Robotern und Kalman-Filter implementiert. Zentrales Element ist dabei eine Sensordatenfusionsklasse, die für je einen Roboter (bzw. für ein zu filterndes System) instanziiert wird. Sie nimmt die Messwerte der Sensoren entgegen und verwaltet die beschriebene Warteschlange. Eine Oberklasse für Sensoren verfügt über eine Schablonenfunktion für den Ablauf einer Messung. Sie übernimmt die Kommunikation mit der Sensordatenfusion und delegiert die Sensorik-Schritte *Initialisierung* und *Verarbeitung* sowie das *Beobachtungsmodell* über Einschubmethoden an die Unterklassen der verschiedenen Sensoren. Eine abstrakte Basisklasse für das System (den Roboter) stellt Schnittstellen für den Zugriff auf das Systemmodell zur Verfügung. [Ziegler 2003]

Für die Algorithmen des eingesetzten *Unscented Kalman Filters* (vgl. Abschnitt 4.3.5, Seite 28) wurde die von Michael Stevens am Australian Centre for Field Robotics entwickelte C++-Softwarebibliothek BAYES++ benutzt [Bayes++ 2003].

8.4 Ergebnisse und Diskussion

Mit Hilfe der entwickelten Sensordatenfusion wurden alle in Abschnitt 7.1 beschriebenen Anforderungen, insbesondere Anforderungen 2 und 5, an ein Sensorsystem für mobile Mikroroboter erfüllt. Nach Integration der in Kapitel 7 vorgestellten Sensoren konnte das Gesamtsystem erfolgreich getestet werden. Die Sensordatenfusion dient nun dem Mikrorobotersystem auch außerhalb des REMs als Schnittstelle zur gesamten Sensorik. Die Architektur des Systems erlaubt eine sehr einfache Erweiterung durch weitere Sensoren oder andere Roboter. Für holonome Mikroroboterplattformen kann in der Regel das in den Abschnitten 8.1.1 und 8.1.2 beschriebene Systemmodell verwendet werden, so dass nur die Geschwindigkeitstabelle und, für den Frame-Baum, die Robotergeometrie bestimmt werden muss. Weitere Sensoren (z.B. für die Lichtmikroskopie) lassen sich mit wenig Aufwand in das System integrieren, da nur das Beobachtungsmodell sowie die sensorspezifischen Algorithmen zur Initialisierung und Berechnung einer Messung implementiert werden müssen. Das System ist sehr robust gegen ein Fehlschlagen einzelner Messungen. Fallen (logische) Sensoren zeitweise aus (weil z.B. Markierungen nicht gefunden werden), wird trotzdem der Roboter basierend auf den anderen Messungen und mit Hilfe des Systemmodells über längere Distanzen hinweg verfolgt. Während kritischer Operationen, bei denen eine geforderte Genauigkeit durch bestimmte Sensoren unbedingt aufrecht erhalten werden muss, kann ein Steuerungssystem auch die Fehlerkovarianzmatrix des Roboters überwachen, um bei zu großen Ungenauigkeiten des Zustandsvektors die Operation abzubrechen.

8.4 Ergebnisse und Diskussion

Der realisierte Filter-Mechanismus garantiert im Betrieb einerseits, dass jede Messung direkt zur Zustandsschätzung genutzt werden kann, auch falls Messergebnisse von früheren Messzeitpunkten noch nicht vorliegen. Andererseits werden ältere Messungen auch dann berücksichtigt, wenn zwischenzeitlich bereits jüngere Messungen anderer Sensoren eingefiltert wurden. Das ist vor allem sinnvoll, wenn in einem System auch langsamere oder weniger genaue Sensoren benötigt werden, um die gesamte Roboterkonfiguration zu bestimmen. Ein Beispiel ist der redundante Freiheitsgrad um die Hochachse des MINIMAN III (vgl. Seite 40). Während die Position der Greiferspitze durch die lokalen Sensoren sehr genau bestimmt wird, kann der Drehwinkel φ_{Yaw} zwischen Plattform und Manipulatorkugel nur über die globale Kamera gemessen werden. Obgleich relativ grob, muss die globale Sensorik daher ab und zu mit eingefiltert werden. Das Verfahren hat sich im Betrieb mit den verschiedenen Sensoren des Systems sehr gut bewährt.

Im Falle des nachträgliche Einfilterns älterer Messungen werden jüngere Messungen nicht nur einmal gefiltert. Dies ist nur dann sinnvoll (und unkritisch hinsichtlich der Effizienz), wenn sich die Verarbeitungszeiten und Raten der Messungen ähneln. Falls die Verarbeitungszeit eines Sensors erheblich länger ist als die Messrate eines anderen, führt ein Warteschlangendurchlauf zum erneuten Filtern vieler einzelner Messungen. Dies muss daher unter Umständen bei der Vorgabe der Messraten durch eine übergeordnete Kontrollinstanz berücksichtigt werden. Die Effizienz einer neuen Verarbeitung kann durch das Speichern von Zwischenergebnissen der ersten Verarbeitung gesteigert werden, siehe hierzu [Bar-Shalom 2002]. Im Betrieb des Mikrorobotersystems ist der Rechenaufwand für die Filterung stets sehr gering im Vergleich mit den Verarbeitungsphasen der Sensoren.

Die Betrachtungen in Abschnitt 8.1.4 zeigen, wie ein erweitertes Systemmodell die Qualität der Vorhersagen zwischen einzelnen Sensormessungen verbessern kann. Aus Sicht der Positionssensorik stellt dies zweifellos eine attraktive, zusätzliche Informationsquelle dar. Es liegt jedoch nahe, die beschriebenen Fehlerquellen des Bewegungsprinzips direkt durch eine adaptive Roboteransteuerung zu berücksichtigen. Um ungewünschte Rückkopplungseffekte zwischen Roboteransteuerung und Sensordatenfusion zu vermeiden, müssen die zunächst unbekannten Fehler dann jedoch außerhalb der Kalman-Filterung geschätzt werden. Das ideale Systemmodell ist in diesem Fall das in Abschnitt 8.1.1 vorgestellte, da dann die Annahme der exakten Bewegung gemäß des Soll-Ansteuervektors die bestmögliche Vorhersage darstellt.

Das System zur Sensordatenfusion liefert die für eine künftige Mikroroboterregelung benötigte Prozessrückkopplung. Für eine solche Regelung oder eine übergeordnete Prozessüberwachung bietet es sich an, die durch die Kalman-Filterung zur Verfügung stehenden Genauigkeitsinformationen über die Roboterzustände zu nutzen. Anhand der Fehlerkovarianzmatrix lässt sich zum Beispiel auch automatisiert entscheiden, wann bestimmte Sensoren benötigt werden, um die genaue Schätzung jeder Zustandsvariablen aufrecht zu erhalten.

9 Fehleranalyse

Die untersuchten Messverfahren der lokalen Sensoren unterliegen Ungenauigkeiten aufgrund diverser Fehlerquellen. Wie sich diese Fehler auf die resultierende Genauigkeit eines Sensors auswirken, wird im Folgenden abgeschätzt. Dazu werden die Sensoren zunächst jeweils getrennt von einander betrachtet. Anschließend wird die Genauigkeit des Gesamtsystems bezogen auf die Positionierung einer Mikrogreiferspitze untersucht.

9.1 Genauigkeitsabschätzung der Sensoren

Die auf der Auswertung der REM-Bilder basierende Sensorik erkennt kugelförmige Markierungen auf einem Mikrogreifer mit Hilfe der Hough-Transformation für Kreise. Da in der Mikrorobotik die Lage eines zu manipulierenden Mikroobjekts nur über Mikroskopbilder bestimmt werden kann, sind für die Positionierung der Roboter lediglich *relative* Entfernungen innerhalb des Mikroskopbilds relevant. Das REM dient im Folgenden daher zunächst als Referenz, so dass potenzielle Fehler seiner Kalibrierung nicht berücksichtigt werden.

Die Größe des Arbeitsbereichs der Sensoren beträgt ca. $4 \times 4 \times 4$ mm^3. Aufgrund der verfügbaren Rasterauflösung des REMs kann die Größe eines Pixels des REM-Bilds flexibel bis hinab zu 0,25 µm gewählt werden (bezogen auf die fokussierte Objektebene). Für die Erkennung der 90 µm großen Greifermarkierungen wurde meist eine Vergrößerung von 2–3 µm pro Pixel gewählt. Die Mittelpunkte der im REM-Bild erkannten Kreise sind theoretisch mit Subpixelgenauigkeit bestimmbar. Beim Bewegen des Mikrogreifers variiert jedoch die Vergrößerung und Fokussierung der Mikrokugeln und auch ihr Kontrast im REM-Bild. Wird angenommen, dass der Kreisdurchmesser für das Zentrum des Arbeitsbereichs exakt angegeben ist, kann die Höheninformation um maximal ±2 mm abweichen. Aufgrund der Zentralprojektion des REMs kann dann der gemessene Durchmesser einer 90 µm großen Mikrokugel um bis zu 6 µm variieren[53]. Wenn der Durchmesser einer Mikrokugel also z.B. vergrößert erscheint, detektiert die Kreiserkennung bei sehr eng toleriertem Suchradius unter Umständen einen (kleineren) Kreis, der den Rand des tatsächlichen Kreises von innen berührt. In diesem (extremen) Fall weicht der gemessene Mittelpunkt um die Hälfte des Durchmesserfehlers vom tatsächlichen ab. Dies ist unabhängig von der gewählten Auflösung. Der maximale Fehler der (zweidimensionalen) Positionsbestimmung einer Mikrokugel im REM-Bild beträgt daher 3 µm. Da die Greiferhöhe in der Regel durch den Triangulationssensor bekannt ist, und der Kreisdurchmesser der Höhe entsprechend bestimmt werden kann, ist dieser Fehler während des Betriebs deutlich kleiner. Außerdem kann er durch Erhöhen der Durchmessertoleranz auf Kosten der Rechenzeit gänzlich vermieden werden. Dann beträgt die

---

[53] Die hier für die Zentralprojektion angenommene Höhe des virtuellen Pivotpunkts beträgt 30 mm.

Genauigkeit der Mikrokugelerkennung mindestens 1 Pixel und entspricht damit der Auflösung des REMs.

Ähnliche Betrachtungen können für die Detektion von Merkmalen im Kamerabild des Miniaturmikroskops angestellt werden. Deren Genauigkeit ist zunächst durch die Auflösung der Kamera und die Vergrößerung des Mikroskopobjektivs beschränkt. Die resultierende Vergrößerung des eingesetzten Miniaturmikroskops beträgt ca. 7 µm pro Pixel in der Fokusebene. Dieser Wert wurde durch die Ausgleichsrechnung der Tsai-Kalibrierung bestätigt: Der mittlere Fehler der Kalibrierungspunkte, die das in Abschnitt 7.4.7 (Seite 90) beschriebene Verfahren vorgibt, betrug 6,6 µm (projiziert in den Objektraum). Dieser Wert schließt die Genauigkeit der Kamerakalibrierung relativ zur Lage des REM-Bilds mit ein, da die Kalibrierungspunkte mit Hilfe des Elektronenstrahls erzeugt wurden. Die Messgenauigkeit der eigentlich subpixelgenauen Merkmalextraktion aus dem Kamerabild muss also ebenfalls auf mindestens 1 Pixel geschätzt werden. Abweichungen der Elektronenstrahllinie während der Triangulation liegen im Bereich der REM-Auflösung (hier ca. 0,25 µm), sind also im Vergleich vernachlässigbar klein. Da die Form der bei der Triangulation zu detektierenden Leuchtflecken jedoch je nach Beschaffenheit des Szintillatorpulvers in den 60 µm breiten Nuten des Z-Musters variieren kann, entstehen Fehler von bis zu 4 Pixeln, vgl. Abbildung 58. Diese Fehler können durch schmalere Nuten verringert werden.

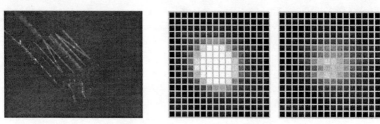

Abbildung 58: Miniaturmikroskopbild mit Scan-Linie (links); vergrößerte Ansicht eines Leuchtflecks bei ideal leuchtendem Muster (Mitte) und unsymmetrischer Leuchtfleck bei schlechter Lumineszenz (rechts).

Weitaus gravierender als die bisher betrachteten (statistischen) Fehler können sich systematische Fehler auf das System auswirken. Da das REM für beide lokale Sensorsysteme als Referenz dient, unterliegt die Messung einzelner Markierungen zwar in beiden Fällen keinen großen systematischen Fehlern[54]; doch für die Mikromanipulation ist nicht die Positionsgenauigkeit der Markierungen, sondern die des gesamten Mikrogreifers entscheidend. Im Falle der eingesetzten Mikrogreifer hängt diese stark von

---

[54] Bei der Kalibrierung vernachlässigte Verzerrungseffekte wirken sich z.B. nicht sehr stark aus.

(systematischen) Fehlern ab, die aufgrund der nicht exakt bekannten Lage der Markierungen auf dem Mikrogreifer entstehen.

Anhand von Abbildung 40 (Seite 76) wurde beschrieben, wie die Markierungen mit Hilfe des REMs ausgemessen werden können. Bei dieser Methode und der Geometrie der eingesetzten Mikrogreifer sind Messfehler aufgrund der Zentralprojektion sowie Parallaxefehler unvermeidlich. Im Falle des in Abbildung 40 gezeigten Greifers erschwerte der mit ca. 1,2 mm verhältnismäßig große Abstand zwischen Mikrokugeln und Greiferspitze die Vermessung, so dass Messfehler im Prozentbereich Abweichungen von hunderstel Millimetern verursachten. Aufgrund dieser Greifergeometrie wirkt sich auch die geringere Genauigkeit der Elektronenstrahltriangulation auf die eigentlich viel genauere laterale Messung im REM-Bild aus: Schwankt die Höhenmessung zweier Greifermarkierungen, die 1 mm auseinander liegen, liegt der laterale Fehler der ca. 1 mm unterhalb der Mikrokugeln liegenden Greiferspitze auch bei exakter Mikrokugelerkennung in der gleichen Größenordnung. Es ist offensichtlich, dass sich dieser Effekt auf die Positionsbestimmung der Greiferspitze um so stärker auswirkt, je weiter die Markierungen von ihr entfernt sind. Die in dieser Arbeit schon mehrmals angesprochene Entwicklung mikrotechnisch gefertigter Greifer wird diese Probleme deutlich mindern.

9.2 Analyse der Fehlerkovarianzmatrix

Die beschriebenen Fehler der Sensoren überlagern sich in der Sensordatenfusion. Durch die ausgleichende Wirkung des Kalman-Filters werden die Fehler dabei um so besser kompensiert je mehr Markierungen gemessen werden. Nach einigen initialen Messzyklen verbleibt daher während des Betriebs nur das Mittel aller systematischen Fehler. Dessen Auswirkung auf die Roboterkonfiguration ändert sich mit den auftretenden Roboterbewegungen im Laufe der Zeit.

Die im realen Zusammenspiel der Sensoren und der Sensordatenfusion tatsächlich auftretenden Ungenauigkeiten lassen sich durch Auswertung der Fehlerkovarianzmatrix $\mathbf{P}(t)$ weiter untersuchen, die das Kalman-Filter ohnehin ständig berechnet. Um zu veranschaulichen, wie sich die durch $\mathbf{P}(t)$ beschriebene Unsicherheit des Zustandsvektors auf die geschätzte Lage einer Greiferspitze auswirkt, wird eine große Zahl von Zufallsvektoren mit Hilfe eines Zufallsgenerators erzeugt, die entsprechend $\mathbf{P}(t)$ um die geschätzte Roboterkonfiguration herum verteilt sind. Diese Vektoren stellen Punkte im Konfigurationsraum dar, mit denen sich das kinematische Robotermodell (der FrameBaum) ausrichten lässt, so dass die Weltkoordinaten der Greiferspitze für den entsprechenden Zustand berechnet werden können. Die resultierenden Punktwolken (*scatter plots*) visualisieren dann, in kartesischen Koordinaten dargestellt, Mittel und Streuung der Greiferposition, wie sie vom Kalman-Filter geschätzt werden.

Die Abbildungen 59 und 60 zeigen Punktwolken für zwei verschiedene Abfolgen von Sensormessungen. Sie werden im Folgenden ausführlich erläutert. Wichtig ist, dass hiermit keine direkten quantitativen Aussagen über die Genauigkeit einzelner Sensoren gemacht werden können, denn das Ergebnis hängt von der vorgegebenen Systemkovarianzmatrix $\mathbf{Q}(t)$ und den Messkovarianzmatrizen $\mathbf{R}$ ab. Bei still stehendem Roboter beispielsweise wird $\mathbf{P}(t)$ im Laufe vieler Messungen (egal durch welchen Sensor) immer gegen die dann sehr kleine Systemkovarianzmatrix $\mathbf{Q}(t)$ konvergieren[55]. Je genauer ein Sensor jedoch ist, desto schneller verringert sich die Unsicherheit der Schätzung. Die Punktwolken veranschaulichen daher hervorragend das Zusammenwirken von Filter und Sensoren.

Für die Abbildungen 59 und 60 wurden nacheinander mit jedem Sensor jeweils zehn Messungen bei stehendem Roboter durchgeführt. Zum Schluss wurde zehnmal mit allen Sensoren abwechselnd gemessen. Eine Änderung des Systemmodells, etwa um durch ein größeres $\mathbf{Q}(t)$ eine langsame Bewegung (1–10 µm/s) des Roboters zu simulieren, wirkte sich bei der geringen Anzahl von Messungen nicht merklich aus. Für die $\mathbf{R}$-Matrizen, durch die die Sensorgenauigkeiten für die Filterung festgelegt werden, wurden bei allen drei Sensoren 3 Pixel als Standardabweichung angenommen. Die initiale Fehlerkovarianzmatrix $\mathbf{P}(t=0)$ wurde sehr groß gewählt und entspricht der Annahme, dass der Roboter zu Beginn irgendwo im gesamten Arbeitsbereich der Vakuumkammer stehen kann.

Für Abbildung 59 wurde nach den globalen Messungen zuerst die Mikrokugelerkennung und dann die Elektronenstrahltriangulation durchgeführt. Bei der Triangulation wurden nur die zwei äußeren, parallelen Linien der beiden Z-Muster für die Messung benutzt. Man sieht, dass die Beobachtungsmodelle der Sensoren dafür sorgen, dass die Unsicherheit der Greiferposition durch die lokalen Sensoren viel stärker verringert wird als durch die globale Sensorik. Auch eine deutlich größere Anzahl von globalen Messungen verkleinerte die zugehörige Punktwolke nicht merklich. Die zur Mikrokugeldetektion gehörende Punktwolke zeigt, wie genau die x-y-Position durch die Messung im REM-Bild bestimmt wird. Dass ihr Mittelpunkt, also die geschätzte Greiferposition, relativ zur Punktwolke der globalen Sensorik verschoben ist, verdeutlicht systematische Fehler, die durch die verhältnismäßig grob bestimmbaren Positionen der globalen Kamera und der Leuchtdioden auf dem Roboter entstehen. Interessanterweise verringert sich die Unsicherheit der z-Koordinate des Mikrogreifers ebenfalls sehr deutlich, was auf die Zentralprojektion des REMs zurückzuführen ist: Der im Robotermodell angegebene Abstand zwischen den Mikrokugeln zwingt die Roboterkonfiguration in die passende, durch die REM-Kalibrierung definierte Lage.

---

[55] Die Unsicherheit des Systems wird durch jede Messung verkleinert und durch jede Vorhersage dem Systemmodell entsprechend vergrößert. Bei stehendem Roboter sagt das Systemmodell die Konstanz des Zustands vorher. Die Filterung entspricht dann einer Mittelung über alle Messungen.

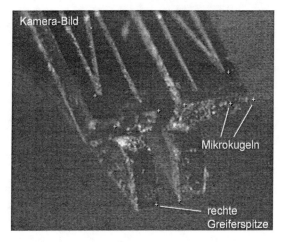
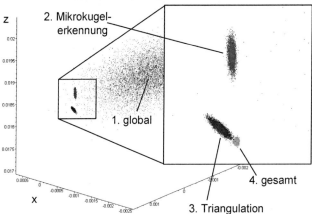

Abbildung 59: Ausschnitt aus dem Kamerabild des Miniaturmikroskops und Visualisierung der vom Kalman-Filter geschätzten Genauigkeit der Roboterkonfiguration mit Hilfe auf die Lage der rechten Greiferspitze projizierter Punktwolken. Die Orientierung des eingezeichneten Koordinatensystems entspricht etwa der Perspektive des Miniaturmikroskops (Einheit: Meter). Reihenfolge der Messungen: 1. Globale Kamera – 2. Mikrokugelerkennung – 3. Triangulation – 4. alle Sensoren im Wechsel („gesamt").

118 Fehleranalyse

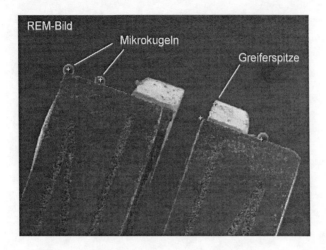

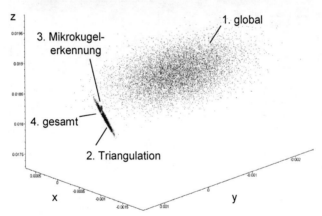

Abbildung 60: Ausschnitt aus dem REM-Bild und Punktwolken bei veränderter Reihenfolge der Messungen: 1. Globale Kamera – 2. Triangulation – 3. Mikrokugelerkennung – 4. alle Sensoren im Wechsel.

Die anschließende Elektronenstrahltriangulation macht systematische Fehler im Robotermodell und in der Kalibrierung der Mikroskope deutlich, denn die geschätzte Lage des Greifers ist auch hierbei verschoben, besonders in z-Richtung. Sowohl die schon beschriebenen Ungenauigkeiten des Robotermodells als auch eine ungenaue Angabe der Vergrößerung des REM-Bilds verursachen leichte Veränderungen des Abstands der Mikrokugeln, was aufgrund der Zentralprojektion des REMs wiederum einen starken Höhenversatz bei der Mikrokugeldetektion bewirkt. Für die Fehlerbetrachtung der (zweidimensionalen) Mikrokugelerkennung konnte das REM-Bild als Referenz dienen.

9.2 Analyse der Fehlerkovarianzmatrix

Wie man sieht, wirken sich Fehler der REM-Kalibrierung jedoch bei der gleichzeitigen Höhenbestimmung des Greifers aus. Größtes Problem der Kalibrierung ist die ungenaue Angabe des am REM einstellbaren Vergrößerungsfaktors (ca. ±2%). Da die Greifervermessung für das Robotermodell auch mit Hilfe von REM-Bildern geschah (vgl. Seite 76), liegen auch die Fehler des Modells zum Teil in dieser Beschränkung des eingesetzten REMs begründet.

Um die Wirkung der Triangulation noch deutlicher zu zeigen, wurde für Abbildung 60 die Reihenfolge der Sensormessungen so geändert, dass nach der globalen Messung zuerst die Triangulation ohne die Information der Mikrokugelerkennung durchgeführt wurde. Da die Triangulation auf dem Schnitt der Z-Muster-Linie(n) mit der Elektronenstrahlebene basiert, kann die Lage des Greifers in Richtung der Linie durch diese Messung nicht bestimmt werden. Daher ist die resultierende Punktwolke der Triangulation in Abbildung 60 sehr lang gezogen. Sie ist gleichzeitig um einen Winkel zur x-y-Ebene geneigt. Dies geschieht aufgrund des Robotermodells des eingesetzten MINIMAN-III, wie man sich folgendermaßen veranschaulichen kann: Im vorliegenden Fall ist der Manipulator leicht nach unten geneigt. Die Höhe des Manipulator-Kugelgelenks ist fest im Modell vorgegeben. Die Freiheitsgrade des Robotermodells zwingen daher den Mikrogreifer zu einer Auf- und Abbewegung, wenn der Roboter gedanklich vor- und zurückbewegt wird, während der durch die Messung bestimmte Schnittpunkt der Z-Muster-Linie „festgehalten" wird.

Die anschließende Mikrokugelvermessung in Abbildung 60 weicht in der Höhe nicht mehr so stark ab wie zuvor, da die aus der Triangulation gewonnene Information in der Zustandsschätzung bereits enthalten ist.

Beim abwechselnden Betrieb der Sensoren vertraut die Sensordatenfusion erwartungsgemäß in x-y-Richtung eher der Mikrokugeldetektion und in z-Richtung der Höhenmessung durch die Triangulation, wie die Punktwolke der Gesamtwirkung aller Sensoren zeigt. Dass die Mikrogreiferposition mit diesem System trotz der verhältnismäßig großen systematischen Fehler recht genau bestimmt wird, zeigen die Ausschnitte der beiden Mikroskopbilder, in die markante Frames des Robotermodells als Kreuze eingeblendet sind. Die Frames der Greifermarkierungen sind nicht das direkte Resultat der Bilderkennung, sondern zeigen das in das Bild projizierte Robotermodell, basierend auf der mit Hilfe aller Sensoren gemessenen Roboterkonfiguration. Während das REM-Bild noch einen lateralen Fehler der Greiferspitzenposition zeigt, stimmen die Greifer-Frames beim Miniaturmikroskop gut mit dem Bild überein.

Benutzt man für die Triangulation alle sechs Linien der Z-Muster, wird aufgrund der gewählten Anordnung dieser Linien auch die x-y-Position des Greifers sehr genau bestimmt (vgl. Abschnitt 7.4.6).

9.3 Ergebnisse und Diskussion

Gegenwärtig ist die Genauigkeit des Sensorsystems vor allem durch die nicht exakt bekannten Greifergeometrien begrenzt. Diese systematischen Fehler im Robotermodell wirken sich auf die Positionsbestimmung der Greiferspitze besonders stark aus, wenn die Markierungen weit von ihr entfernt sind. Da die Messprinzipien für sich genommen jedoch sehr genau sind, erscheint eine Weiterentwicklung der Mikrogreifer sehr vielversprechend. Die Genauigkeit der Elektronenstrahltriangulation kann durch dünnere Nuten der Z-Muster noch weiter gesteigert werden.

Betrachtet man jeden Sensor einzeln, lässt sich jeweils eine Messgenauigkeit von etwa einem Pixel erreichen. Im Zusammenspiel der gesamten lokalen Sensorik wirkt sich jedoch die nur ungenau einstellbare Vergrößerung des REM-Bilds störend aus. Mit dem eingesetzten REM lässt sich dieses Problem nur dadurch lösen, dass die Vergrößerung nach der Kalibrierung nicht mehr geändert wird. Aufgrund der sehr großen Auflösung des mit dem Elektronenstrahl abtastbaren Bereichs kann die Größe des Bildausschnitts dann immer noch in weiten Grenzen gewählt werden, so dass die Flexibilität des Systems nicht allzu sehr leidet. Gleichzeit darf allerdings auch die Fokussierung des Elektronenstrahls nicht geändert werden, da sie sich ebenfalls auf den Vergrößerungsfaktor auswirkt. Bei der benutzten Blende des Elektronenstrahls[56] (200 µm) war die Schärfentiefe innerhalb der durch das Miniaturmikroskop vorgegebenen Arbeitsraumhöhe (ca. 4 mm) noch akzeptabel.

Die theoretische Grenze der Mikrokugelerkennung stellt die Auflösung des REMs dar, die durch Verkleinern des gesamten Arbeitsbereichs noch weiter gesteigert werden kann. Um die bei der bisher gewählten Konfiguration mögliche Maximalauflösung von ca. 0,25 µm jedoch tatsächlich nutzen zu können, muss die Dicke des Elektronenstrahls verringert werden, da sie die Schärfe des REM-Bilds limitiert. Dies geschieht jedoch wie in Abschnitt 5.3.1 (Seite 32) beschrieben auf Kosten der Signalqualität bzw. der Bildakquisitionszeit und wirkt sich ebenso kritisch auf die Helligkeit der Leuchtpunkte während der Elektronenstrahltriangulation aus.

Das Triangulationsverfahren nutzt zwar die präzise Steuerbarkeit des Elektronenstrahls, ist aber durch die Eigenschaften der Lichtmikroskopie begrenzt. Vor allem die geringe Schärfentiefe eines Lichtmikroskops schränkt das Verfahren stark ein. Der in dieser Arbeit gewählte Kompromiss zwischen Vergrößerung (ca. 7 µm pro Pixel) und Tiefe des Arbeitsbereichs (ca. 4 mm) ist für die Höhenbestimmung bei vielen Mikromanipulationsaufgaben im 100-Mikrometer-Bereich ausreichend, wie z.B. bei der in Abschnitt 6.4 (Seite 60) gezeigten Montage eines Mikrozahnrads (die genaue 2D-Positionierung über das REM-Bild vorausgesetzt). Möchte man die Auflösung bei der Höhenmessung auf ca. 1 µm pro Pixel vergrößern, schrumpft die Schärfentiefe auf wenige Mikrometer. Es ist denkbar, den Elektronenstrahl stets so zu positionieren, dass messbare Leuchtpunkte in

---

[56] die Blende der letzten (untersten) Magnetlinse der Elektronenoptik

der fokussierten Ebene des Miniaturmikroskops liegen. Die speziell entwickelte Form der Z-Muster, die bisher zu einem großen Informationsgewinn bei einer einzelnen Messung führt, könnte nur durch ein weiteres Verkleinern des Arbeitsbereichs genutzt werden. Da das Abbildungsverhalten innerhalb eines solch schmalen Schärfebereichs einer Parallelprojektion gleichkommt, müsste wahrscheinlich außerdem die eingesetzte Kalibrierung nach [Tsai 1987] durch ein anderes Verfahren ersetzt werden (etwa ähnlich wie in [Buerkle 2001] für mikroskopische Lasertriangulation beschrieben).

Trotz der hier analysierten Grenzen des Systems – vor allem die der Höhenmessung im Vergleich zur Auflösung des REM-Bilds, stellen die in der vorliegenden Arbeit entwickelten lokalen Positionssensoren zusammen mit der Sensordatenfusion einen großen Fortschritt für die mobile Mikrorobotik dar, wie ein Vergleich mit den Punktwolken der globalen Sensorik zeigt. Insbesondere eröffnet das System die Möglichkeit der zukünftigen Automation mobiler Mikroroboter im Rasterelektronenmikroskop.

10 Zusammenfassung und Ausblick

In verschiedensten Anwendungsbereichen der Elektronenmikroskopie werden Systeme zur Handhabung sehr kleiner Objekte benötigt. Miniaturisierte, piezoelektrisch angetriebene, mobile Roboter eignen sich für diese Aufgaben besonders. Hinsichtlich Flexibilität, Baugröße und Kosten sind sie existierenden stationären Systemen überlegen. In dieser Arbeit wurde daher ein Robotersystem für das Rasterelektronenmikroskop (REM) entwickelt, das auf dem Einsatz solcher mobiler Mikroroboter basiert.

Das System ermöglicht einerseits die Manipulation von mikroskopisch kleinen Objekten direkt in der Vakuumkammer des REMs. Andererseits ist der Mikrorobotereinsatz im REM die konsequente Weiterführung der Mikrorobotikforschung z.b. im Hinblick auf Mikromontageaufgaben, deren Überwachung unter dem Lichtmikroskop durch dessen Auflösung und Schärfentiefe beschränkt ist.

In der Mikrowelt bereiten ungewohnte Kräfteverhältnisse oft erhebliche Probleme. Da aufgrund dieser so genannten Skalierungseffekte die Oberflächenkräfte (z.b. Adhäsion) dominieren, fällt insbesondere das Wiederloslassen von gegriffenen Objekten sehr schwer. Dies erfordert schon bei einfachen mikroskopischen Aufgaben den Einsatz von mindestens zwei Robotern: Die vom einen Roboter gegriffenen Objekte streift der zweite mit Hilfe einer sehr feinen Nadel von dessen Mikrogreifer ab.

Für die Automation solcher Mikromanipulationsaufgaben mit Hilfe mobiler Mikroroboter ist zwingend eine Positionssensorik notwendig, mit der alle Freiheitsgrade der Roboter gemessen werden können. Während bei konventionellen Industrierobotern solche Sensoren in Form von Winkelgebern in den Robotergelenken integriert sind, erlaubt das Bewegungsprinzip der mobilen Mikroroboter keine solche interne Sensorik. Dieser Arbeit lag daher das Konzept zugrunde, das Rasterelektronenmikroskop selbst als externes Sensorsystem zu verwenden. Hierzu wurde untersucht, wie die hohe Auflösung des REMs für die Positionierung von Mikrorobotern genutzt werden kann.

10.1 Ergebnisse

Die Integration mobiler Mikroroboter im REM und der Einsatz des REMs als Positionssensorsystem umfasste die Entwicklung verschiedener Hard- und Softwarekomponenten. Der generelle Ansatz dieser Arbeit wird im Folgenden anhand dieser einzelnen Entwicklungsschritte und ihrer Ergebnisse stichpunktartig zusammengefasst.

- Basierend auf der Analyse der Voraussetzungen für den Mikrorobotereinsatz im REM wurde das vorhandene Mikrorobotersystem durch neue Prototypen und Erweiterungen des REMs derart weiterentwickelt, dass zwei mobile Mikroroboter in der Vakuumkammer betrieben werden können.

124 Zusammenfassung und Ausblick

- Damit die Roboter in der Lage sind, beliebige holonome Bewegungen auszuführen, wurden Methoden zur Ansteuerung ihrer Piezoantriebe entwickelt, die es erlauben, Geschwindigkeiten für jede Bewegungsrichtung einzeln vorzugeben.

- Für die Teleoperation der Mikroroboter wurde eine komfortable Steuerung entwickelt, die als Eingabegerät eine SpaceMouse nutzt. Die Erprobung im REM zeigte, dass mit diesem ferngesteuerten Zweirobotersystem Aufgaben im Bereich weniger Millimeter bis hinab in den Submikrometerbereich gleichermaßen intuitiv und präzise durchgeführt werden können.

- Nach der systematischen Untersuchung der Möglichkeiten einer REM-basierten Positionssensorik wurden zwei Sensorprinzipien erforscht, mit deren Hilfe die genaue Lage von Mikrogreifern gemessen werden kann:

    Zur Positionsbestimmung mit Hilfe der Auswertung digital akquirierter REM-Bilder wurden Mikrokugeln als Markierungen an den Robotergreifern benutzt. Aufgrund der hohen Ausbeute an Sekundärelektronen an den Kugelrändern erhält man kontrastreiche, kreisförmige Strukturen im REM-Bild, die zuverlässig mit Hilfe der Hough-Transformation für Kreise detektiert werden.

    Für genaue Höheninformationen wurde ein neuartiges Triangulationsverfahren konzipiert, das ein Miniatur-Lichtmikroskop für die seitliche Perspektive auf die Mikroszene unter dem Elektronenstrahl nutzt. Über das Bild der Leuchtspur des Elektronenstrahls wird die Höhe zusätzlicher, lumineszierender Greifermarkierungen bestimmt.

    Das Potenzial dieser Sensorprinzipien sowie ihre Grenzen wurden anhand einer Fehlerbetrachtung analysiert.

- Zur Fusion der unterschiedlichen Sensordaten wurde ein auf Kalman-Filterung basierendes System entwickelt, das eine hohe Flexibilität in Bezug auf den Ausfall einzelner Messwerte (z.B. durch eine nicht erkannte Markierung) oder den Austausch von Mikrorobotern und Sensoren aufweist. Aus einer Analyse des piezoelektrischen Mikroroboterantriebs und der verschiedenen Sensorprinzipien wurden die für die Kalman-Filterung benötigten System- und Beobachtungsmodelle abgeleitet.

- Mit Hilfe der Sensordatenfusion konnte die gesamte Positionssensorik während des Betriebs des Mikrorobotersystems erfolgreich erprobt werden.

10.2 Ausblick

Die in dieser Arbeit erforschten mobilen Mikroroboter sind nun sehr flexible Werkzeuge, mit denen im Rasterelektronenmikroskop verschiedenste Aufgaben komfortabel in Teleoperation durchgeführt werden können. Ihre Grenzen liegen hauptsächlich in den heute verfügbaren Mikrogreifern. Mit der Entwicklung von mikrostrukturierten Werkzeugen – in Verbindung mit der weiteren Miniaturisierung der Roboter selbst – wird künftig der Vorstoß in den Submikrometerbereich gelingen. Durch den Einsatz der Mikroroboter in ESEMs (*Environmental Scanning Electron Microscopes*) lassen sich neue Anwendungsfelder erschließen, in denen die Vorteile der Rasterelektronenmikroskopie ohne die durch das Vakuum bedingten Einschränkungen für die Mikrorobotik genutzt werden können.

Das entwickelte Sensorsystem eröffnet die Möglichkeit einer sensorgestützten Teleoperation. Außerdem lassen sich Mikromanipulationsaufgaben nun künftig weitgehend automatisieren. Hierzu müssen zunächst intelligente Regelungsalgorithmen entwickelt werden, die mit der durch die Skalierungseffekte recht „rauen" Umgebung der Mikrowelt zurecht kommen.

Von zentraler Bedeutung für die Mikrorobotik ist nach wie vor die Entwicklung weiterer Sensorsysteme. Die Beschränkung der exakten Roboterpositionierung auf das Sichtfeld eines Mikroskops lässt sich nur durch eine den gesamten Arbeitsbereich erfassende mikrometergenaue Positionssensorik vermeiden, möglicherweise in Kombination mit zusätzlichen, miniaturisierten Mikroskopen, die ihrerseits durch spezielle Mikroroboter bewegt werden.

Die Automation der Mikroroboter wird darüber hinaus Bahnplanungssysteme benötigen, die auf geometrische Modelle von Objekten in der Mikrowelt zurückgreifen müssen. Die Entwicklung von Messsystemen, die in der Lage sind, solche Modelle zu generieren, ist dafür entscheidend.

Mit Hilfe eines bereits zur Verfügung stehenden Planungssystems [Seyfried 2003] ließe sich dann auch die automatisierte Montage von Mikrosystemen realisieren.

Die fortschreitende Miniaturisierung von Aktuatoren, Sensoren und integrierten Schaltkreisen sowie die Umsetzung von Konzepten der Künstlichen Intelligenz kann eines Tages die Realisierung der Vision großer Mikroroboterschwärme ermöglichen, die mit Hilfe von Selbstorganisation und kollektivem Verhalten komplexe Aufgaben lösen.

Literaturverzeichnis

[Albe 2002] Albe, M.: *Entwicklung einer Positionssensorik für Mikroroboter basierend auf der Auswertung von Rasterelektronenmikroskopbildern*; Diplomarbeit, Universität Karlsruhe (TH), Institut für Prozessrechentechnik, Automation und Robotik, Februar 2002

[Aoyama 2001] Aoyama, H.; Fuchiwaki, O.: *Flexible Micro-Processing by Multiple Micro Robots in SEM*; Proc. 2001 IEEE Int. Conf. Robotics & Automation, ICRA 2001, Seoul, Korea, 21.–26. Mai, 2001, 3429–3434

[Armstrong 1996] Armstrong, B.; Canudas de Wit, C.: *Friction Modeling and Compensation*, Miscellaneous Mechanical Control Systems, CRC Press, 1996, 1369–1382

[Bar-Shalom 2002] Bar-Shalom, Y.: *Update with Out-of-Sequence Measurements in Tracking: Exact solution*, IEEE Transactions on Aerospace and Electronic Systems Vol. 28, 2002, 769–778

[Bayes++ 2003] Software und Dokumentation sind unter http://www.acfr.usyd.edu.au/technology/bayesianfilter/Bayes++.htm erhältlich.

[Breguet 1998] Breguet, J.-M.: *Actionneurs Stick And Slip Pour Micro-Manipulateurs*, Dissertation, No. 1756, EPFL, Lausanne, Schweiz, 1998

[Brunix 1961] Bruninx, E.; Rudstam, G.: *Electro-Spraying: a Method of Making Samples for β Counting Allowing Accurate Correction for Self-Scattering and Self-Absorption*; Nucl. Instr. and Meth., 13, 1961, 131–140

[Buerkle 2000] Buerkle, A.; Schmoeckel, F.; Fatikow, S.: *Bildsensoren in der Mikrorobotik*; Bulletin SEV/VSE: Schweizer Fachzeitschrift für Elektrotechnik 9/2000, 2000, 33–37

[Buerkle 2001] Buerkle, A.; Schmoeckel, F.; Kiefer, M.; Amavasai, B. P.; Caparrelli, F.; Selvan, A. N.; Travis, J. R.: *Vision-based closed-loop control of mobile microrobots for micro handling tasks*; SPIE's Int. Symp. on Intelligent Systems & Advanced Manufacturing, Conference on Microrobotics and Microassembly, Boston, MA, USA, 28. Oktober – 2. November, 2001, 187–198

[Canudas 1995] Canudas de Wit, C.; Olsson, H.; Astrom, K. J.; Lischinsky, P.: *A new model for control of systems with friction*; Transactions on Automatic Control, IEEE, Volume: 40 Issue: 3, März 1995, pp. 419–425

[DIN 66314-1] DIN 66314-1, Ausgabe:1997-08: *Schnittstelle zwischen Programmierung und Robotersteuerung - IRDATA - Teil 1: Allgemeiner Aufbau, Satztypen und Übertragung*, Beuth-Verlag 1997

[Dong 2001] Dong, L.; Arai, F.; Fukuda, T.: *3D Nanorobotic Manipulations of Multi-Walled Carbon Nanotubes*; Proc. 2001 IEEE Int. Conf. Robotics & Automation, ICRA 2001, Seoul, Korea, May 21–26, 2001, 632–637

[Fatikow 1996] Fatikow, S: *An Automated Micromanipulation Desktop-Station Based on Mobile Piezoelectric Microrobots*; Proc. SPIE 2906: Microrobotics: Components and Applications, Boston, 1996, 66–77

[Fatikow 1997] Fatikow, S.; Rembold, U.: *Microsystem Technology and Microrobotics*; Springer-Verlag, Berlin Heidelberg New York, 1997

[Fatikow 1999 a] Fatikow, S: *Mikroroboter und Mikromontage: Aufbau, Steuerung und Planung von flexiblen mikroroboterbasierten Montagestationen*, Habil.-Schr., Universität Karlsruhe (TH), 1999

[Fatikow 1999 b] Fatikow, S.; Buerkle, A.; Seyfried, J.: *Automatic Control System of a Microrobot-Based Microassembly Station Using Computer Vision*; SPIE's International Symposium on Intelligent Systems & Advanced Manufacturing, Conference on Microrobotics and Microassembly Boston; Massachusetts, USA, 19.–22. September 1999, 11–22

[Ferreira 2001] Ferreira A., Cassier C., Haddab Y., Rougeot P., Chaillet N.: *Development of a Teleoperated Micromanipulation System with Visual and Haptic Feedback*; Proc. of SPIE's International Symposium on Intelligent Systems and Advanced Manufacturing, Conference on Microrobotics and Microassembly, Vol. 4568, Newton, USA, 29.–30. Oktober, 2001, 112–123

[Gengenbach 1998] Gengenbach, U., Engelhardt, F.; Ruther, P.; Scharnowell, R.; Seidel, D.: *Montage hybrider Mikrosysteme*; 3. Statuskolloquium Mikrosystemtechnik, Karlsruhe, 2./3. April 1998, 17–24

[Gilliland 1967] Gilliland, J. W.; Hall, M. S.: *Solution Spray Technique for the Preparation of Cathodoluminecscent Phosphor Films*; Electorchem. Technol., 5(5-6), 1967, 303–306

[Golego 2000] Golego, N.; Studenikin, S. A.; Cocivera, M.: *Thin-film $BaMgAl_{10}O_{17}$:Eu phosphor prepared by spray pyrolysis*; J. Electrochem. Soc., 147(5), 2000, 1993–1996

[Haberäcker 1995] Haberäcker, P.: *Praxis der Digitalen Bildverarbeitung und Mustererkennung*; Hanser, 1995

[Hasegawa 1995]	Hasegawa K., Nohara T., Matsui, T., Sato, T.: *Novel Tele Operation System for Multi-Micro Robots based on Intention Understanding through Operator's Intuitive Behaviors*; Proc. of Sixth International Symposium on Micro Machine and Human Science, 4.–6. Oktober, 1995, 247–254
[Hatamura 1995]	Hatamura, Y. ; Nakao, M. ; Sato, T.: *Construction of nano manufacturing world*; Microsystem Technologies, 1, 1995, 155–162
[Hesselbach 2000]	Hesselbach, J.; Pokar, G.: *Assembly of a miniature linear actuator using vision feedback*; Microrobotics and Microassembly II, SPIE Proc. Vol. 4194, Boston, 2000, 13–20
[Hirzinger 1983]	Hirzinger, J. H.: *Verfahren zum Programmieren von Bewegungen und erforderlichenfalls von Bearbeitungskräften bzw. -momenten eines Roboters oder Manipulators und Einrichtung zu dessen Durchführung*, Europ. Patent 83.110760.2302, 1983
[Hucknall 1991]	Hucknall, D. J.: *Vacuum Technology and Applications*, Butterworth-Heinemann Ltd. 1991
[Hümmler 1998]	Hümmler, J.: *Mikroproduktionstechnik im Großkammer-Rasterelektronenmikroskop – Analyse der Fertigung und der Montage*, Dissertation, RWTH Aachen, Shaker Verlag, Band 12, 1998
[Jähne 1997]	Jähne, B.: *Digitale Bildverarbeitung*; Springer, Berlin, Heidelberg, 1997
[Julier 1997]	Julier, S. J.; Uhlmann, J. K.: *A New Extension of the Kalman Filter to Nonlinear Systems*; SPIE Proc. Vol. 3068, 1997, 182–193
[Kammrath&Weiss 2001]	Kammrath & Weiss GmbH, Dortmund, Produktinformationen, 2001
[Kasaya 1999]	Kasaya, T.; Miyazaki, H.; Saito, S.; Sato, T.: *Micro object handling under SEM by vision-based automatic control*; Proc. of the 1999 IEEE Int. Conf. On Robotics & Automation, Detroit, Michigan, Mai 1999, 2189–2196
[Kiefer 2001]	Kiefer, M: *3D-Koordinatenbestimmung von Mikrorobotergreifern und Mikrowerkstücken mit Hilfe von Bildverarbeitung und Projektion von optischen Rastern*, Diplomarbeit, Universität Karlsruhe (TH), Institut für Prozessrechentechnik, Automation und Robotik, Juli 2001
[Klein 1995]	Klein St. et al.: *A New Large-Chamber SEM and Its Application in Micromechanical Assembly Processes*; Proc. of the Int. Conf. on Flexible Automation & Intelligent Manufacturing, Stuttgart, 1995, 1004–1013

[Klocke 2002]	Klocke, V.: *Motion from the nanoscale world*; Microsystem Technologies 7 (2002), 256–260
[Kortschack 2003]	Kortschack, A.; Hanssler, O.C.; Rass, C.; Fatikow, S.: *Driving principles of mobile microrobots for micro- and nanohandling*; Proc. 2003 IEEE/RSJ Int. Conf. Intelligent Robots and Systems, IROS 2003, Vol. 2, 27.–31. Oktober, 2003, 1895–1900
[López-Sánchez 2001]	López-Sánchez, J.; Miribel-Català, P.; Montané, E.; Puig-Vidal, M.; Bota, S.A.; Samitier, J.; Simu, U.; Johansson, S.: *High accuracy piezoelectric-based microrobot for biomedical applications*; Proc. 8th IEEE Int. Conf. Emerging Technologies and Factory Automation, ETFA 2001, Vol.2 , 2001, 603–609
[Luhmann 2000]	Luhmann, T.: *Nahbereichsphotogrammetrie: Grundlagen, Methoden und Anwendungen*, Heidelberg: Wichmann, 2000
[Martel 2001]	Martel, S. et al.: *Three-Legged Wireless Miniature Robots for Mass-Scale Operations at the Sub-Atomic Scale*; Proc. 2001 IEEE Int. Conf. Robotics & Automation, ICRA 2001, Seoul, Korea, 21.–26. Mai, 2001, 3423–3428
[Matsumoto 1996]	Matsumoto, K. et al.: *Image-driven operation system for the nano manufacturing world*; Proc. of the SPIE's Int. Symp. on Intelligent Systems & Advanced Manufacturing, 2906, Boston, MA, 1996, Microrobotics: Components and Application, 86–95
[Maybeck 1979]	Maybeck, P. S.: *Stochastic Models, Estimation, and Con-trol*, Volume 1, Academic Press, Inc., 1979
[Menciassi 2001]	Menciassi, A.; Eisinberg, A.; Scalari G.; Anticoli, C.; Carroza, M. C.; Dario, P.: *Force Feedback-Based Microinstrument for Measuring Tissue Properties and Pulse in Microsurgery*; Proc. 2001 IEEE Int. Conf. Robotics & Automation, ICRA 2001, Seoul, Korea, 21.–26. Mai, 2001, 626–631
[Meyer 1998]	Meyer, E.; Braun, H.-G.: *Nanomanipulation techniques inside the SEM – first attempts to integrate microfabrication into a SEM*; Micro Total Analysis Systems' 98, Ed. J. Harrison and A. van den Berg, Kluwer Academic Publishers, ISBN 0-7923-5322-6, 403 ff.
[Miniman 2002]	Schmoeckel, F. (ed.) et al.: *Public Final Report – MINIMAN Esprit Project No. 33915*, März 2002

[Mitsuishi 1996]	Mitsuishi, M.; Sugita, N.; Nagao, T.; Hatamura, Y.: *A Tele-Micro Machining System with Operational Environment Transmission under a Stereo-SEM*; Proc. IEEE Intern. Conf. on Robotics and Automation, Minneapolis, 1996, 2194–2201
[Miyazaki 1997]	Miyazaki, H. et al.: *Adhesive forces acting on micro objects in manipulation under SEM*; Microrobotics and Microsystem Fabrication, SPIE 3202, Pittsburgh, 1997, 197–208
[Reimer 1982]	Reimer, L.; Tollkamp C.: *Recording of topography by secondary electrons with a two-detector system*. Electron Microscopy 1982, Vol. 2, Deutsche Ges. für Elektronenmikroskopie, Frankfurt, 1982, 543–544
[Reimer 1998]	Reimer, L.: *Scanning Electron Microscopy*; 45 of Springer Series in Optical Sciences. Springer-Verlag, Berlin Heidelberg New York, 2. Auflage, 1998
[Richardt 1999]	Richardt, M.: *Implementierung einer verteilten Mikroroboterstuerung*, Diplomarbeit, Universität Karlsruhe (TH), Institut für Prozessrechentechnik, Automation und Robotik, September 1999
[Robinson 1966]	Robinson, P. S: *The Production of Radioactive Sources by the Electrospraying Method*; Nuclear Instruments and Methods, 40, 1966, 136–140
[Saito 2001]	Saito, S.; Miyazaki, H. T.; Sato, T.; Takhashi, K.; Onzawa, T.: *Dynamics of micro-object operation considering the adhesive effect under an SEM*; Proc. SPIE 4568, 2001, 12–23
[Santa 1998]	Santa, K.: *Intelligente Regelung von Mikrorobotern in einer automatisierten Mikromontagestation*; Dissertation, Universität Karlsruhe (TH), GCA-Verlag, 1998
[Scharr 1996]	Scharr, H.: *Digitale Bildverarbeitung und Papier-Texturanalyse mittels Pyramiden und Grauwertstatistiken am Beispiel der Papierformation*, Diplomarbeit, Universität Heidelberg, 1996
[Schmoeckel 2000 a]	Schmoeckel, F.; Fatikow, S.: *Smart flexible microrobots for SEM applications*, Journal of Intelligent Material Systems and Structures, Vol. 11, No. 3, 2000, 191–198
[Schmoeckel 2000 b]	Schmoeckel, F.; Fahlbusch, S.; Seyfried, J.; Buerkle, A.; Fatikow, S.: *Development of a microrobot-based micromanipulation cell in an SEM*, SPIE's International Symposium on Intelligent Systems & Advanced Manufacturing, Conference on Microrobotics and Microassembly, Boston, MA, USA, 5.–8. November, 2000, 129–140

[Schmoeckel 2001 a] Schmoeckel, F.; Woern, H.: *Remotely controllable mobile microrobots acting as nano positioners and intteligent tweezers in scanning electron microscopes*; Proc. 2001 IEEE Int. Conf. Robotics & Automation, ICRA 2001, Seoul, Korea, 21.–26. Mai, 2001, pp. 3909–3913

[Schmoeckel 2001 b] Schmoeckel, F.; Wörn, H.; Kiefer, M.: *The Scanning Electron Microscope as Sensor System for Mobile Microrobots*; Proc. 8th IEEE Int. Conf. on Emerging Technologies and Factory Automation, ETFA 2001, Vol. 2, 15.–18. Oktober, 2001, 599–602

[Seyfried 1999] Seyfried, J.: *Control and Planning System of a Micro Robot-based Micro-assembly Station*; Proc. of the 30th ISR, Tokyo, Japan, 1999

[Seyfried 2003] Seyfried, J.: *Planungs- und Steuerungssystem für die Mikromontage mit Mikrorobotern*, Dissertation, Universität Karlsruhe (TH), Logos Verlag Berlin, 2003

[Shimoyama 1995] Shimoyama, I.: *Scaling in microrobots*; Proc. Int. Conf. Intelligent Robots and Systems (IROS). IEEE, 1995.

[Siegert 1996] Siegert, H.-J.; Bocionek, S.: *Robotik: Programmierung intelligenter Roboter*, Berlin, Heidelberg: Springer, 1996

[Sulzmann 1995] Sulzmann A., Jacot J.: *3D computer graphics based interface to real microscopic worlds for µ-robot telemanipulation and position control*; Proc. of IEEE International Conference on Systems, Man and Cybernetics, 1995, Intelligent Systems for the 21st Century, Vol. 1, 286–291

[Tsai 1987] Tsai, R.Y.: *A Versatile Camera Calibration Technique for High-Accuracy 3D Machine Vision Metrology Using Off-the-Shelf TV Cameras and Lenses*; IEEE Journal of Robotics and Automation, No 4, 1987, 323–344

[Tsuchiya 1999] Tsuchiya, K. et al.: *Micro assembly and micro bonding in Nano Manufacturing World*; SPIE's International Symposium on Intelligent Systems & Advanced Manufacturing, Conference on Microrobotics and Microassembly, Boston, Massachusetts, USA, 19.–22. September 1999, 132–140

[Wan 2000] Wan, E. A.; van der Merwe, Rudolph: *The unscented Kalman filter for nonlinear estimation*, Adaptive Systems for Signal Processing, Communications, and Control Symposium 2000, AS-SPCC, IEEE, 2000, 153–158

[Weck 1997] Weck, M.; Hümmler, J.; Petersen, B.: *Assembly of hybrid micro systems in a large-chamber scanning electron microscope by use of mechanical grippers*; Micromachining and Microfabrication, SPIE, Austin, Texas, 1997, 223–229

[Welch 1996] Welch, G. F.: *SCAAT: Incremental Tracking with Incomplete Information*; Dissertation, University of North Carolina at Chapel hill, Chapel Hill, NC, USA, 1996

[Welch 1997] Welch, G. F.; Bishop, G.: *SCAAT: Incremental Tracking with Incomplete Information*; Computer Graphics, SIGGRAPH 97 Conference Proceedings, T. Whitted (Ed.), Los Angeles, CA, USA, August 3–8, ACM Press Addison-Wesley, 1997, 333–344

[Welch 2002] http://www.cs.unc.edu/~welch/kalman/

[Wörn 2001] Wörn, H.; Schmoeckel, F.; Buerkle, A.; Samitier, J.; Puig-Vidal, M.; Johansson, S.; Simu, U.; Meyer, J.-U.; Biehl, M.: *From decimeter- to centimeter-sized mobile microrobots – the development of the MINIMAN system*; SPIE's Int. Symp. on Intelligent Systems & Advanced Manufacturing, Conference on Microrobotics and Microassembly, Boston, MA, USA, 28. Oktober – 2. November, 2001, 175–186

[Yigit 2000] Yigit, S.: *Automatische Positionserkennung und Positionierung eines Mikromanipulators*, Studienarbeit, Universität Karlsruhe (TH), Institut für Prozessrechentechnik, Automation und Robotik, April 2000

[Zhou 1999] Zhou, Q.; Kallio, P.; Koivo, H. N.: *Modelling of micro operations for virtual micromanipulation*, Proc. of the SPIE Conference on Microrobotics and Microassembly, Vol. 3834, Boston, MA, USA, September 1999, 195–202

[Zhou 2000] Zhou Q., Kallio P., Koivo H. N.: *A Virtual Environment for Operations in the Micro World*; Proc. of SPIE 's International Symposium on Intelligent Systems and Advanced Manufacturing, Conference on Microrobotics and Microassembly, Vol. 4194, Boston, MA, USA, 5.–6. November, 2000, 56–64

[Ziegler 2003] Ziegler, J.: *Kalman-Filterung für Sensorsysteme mobiler Mikroroboter*, Studienarbeit, Universität Karlsruhe (TH), Institut für Prozessrechentechnik, Automation und Robotik, Mai 2003